你不需要讨好这个世界

雾锁东江

著

SPM
南方出版传媒
广东人民出版社
·广州·

图书在版编目(CIP) 数据

你不需要讨好这个世界/雾锁东江著.—广州：广东人民出版社，2018.4

ISBN 978-7-218-12427-8

Ⅰ.①你… Ⅱ.①雾… Ⅲ.①散文集—中国—当代Ⅳ.①I267

中国版本图书馆CIP数据核字(2018)第015127

NI BU XUYAO TAOHAO ZHEGE SHIJIE

你不需要讨好这个世界　　雾锁东江　著

出 版 人：肖风华

责任编辑：向路安
装帧设计：李俏丹
排　　版：长沙市子舟文化传播有限公司
责任技编：周杰 吴彦斌

出版发行：广东人民出版社
地　　址：广州市大沙头四马路10号（邮政编码：510102）
电　　话：（020）83798714（总编室）
传　　真：（020）83780199
网　　址：http://www.gdpph.com
印　　刷：湖南立信彩印有限公司
开　　本：889毫米×1194毫米 1/32
印　　张：8.5
字　　数：180千
版　　次：2018年4月第1版 2018年4月第1次印刷
定　　价：36.00元

如发现印装质量问题，影响阅读，请与出版社（020-83795749）联系调换。
售书热线：（020）83795240

目 录

做好自己，世界就会向你微笑

目 录

适合自己的，才是最好的

CONTENTS

生活不容易，才要更努力

3

CONTENTS

迷茫的时候，是成长的起点

CONTENTS

有一种爱，叫一片花海

CONTENTS

目 录

面对时间，所有人无力抵抗

做好自己，
世界就会向你微笑

世界是矛盾，如果你不去讨好它，

它就来讨好你，你一味屈就它，

它就对你摆臭架子。

做好自己，世界就会向你微笑

2000 年，桂纶镁 17 岁，还是台湾一个普通的高中女生，唯一能与表演联系到一起的就是她从小学习芭蕾舞，还担任过学校戏剧表演活动的组织者，余下的，她与所有同龄的女孩子一样，被学业压得喘不过来气，偶尔忙里偷闲，交流一下什么样的服装款式最时髦。

她从没想过要当演员，这个职业完全不在她的人生规划之中。如果不是那天在西门町搭车回家，被星探发现，她现在大概一定过着完全不同的生活。

当时台湾的易智言导演要拍一部电影——《蓝色之门》，副导演到处为他选女主角，桂纶镁就是其中之一。一周后，桂纶镁接到剧组试镜的电话，因为那时候她打扮得很像个男孩子，为此还专程去买了淑女点的裙子和鞋，在哥哥的陪同下去见了易导演。

桂纶镁很意外，她被选中了出演这部戏的女主角孟克柔，而另外来试镜的那些女孩子却都是那么漂亮，她不知道自己怎么赢了那些人。她单纯到完全没有竞争者的概念，只是喜欢能来这里玩。而易导演看上的正是她身上的干净和纯粹，他花了三年的时间遍寻不着这样的演员，却在桂纶镁身上看到了这种特质。

第一次拍戏，桂纶镁很用力，也很能吃苦，总是想好好表现，让大家都喜欢自己。因为她是那种从小就是好学生的孩子，自己对自己鞭策得很厉害，所以甚至变得有点习惯性地讨好大家。易导演很不喜欢这种感觉，有一次他很严肃地告诉她，"这世界不是所有人都喜欢你的，不要做一个中庸的人。"他希望她能够诚实地面对自己的感受，演戏的时候不要想着去讨好所有人。"当你觉得愤怒的时候，请面对那个愤怒，当你觉得该说实话的时候，请说实话。"

17 岁的桂纶镁，听到这样的话内心并不舒服，感觉自尊心受到了伤害。传统的教育告诉她要做一个大家都喜欢的人，一切要努力做好，不知道原来演戏却不是这样。她要推倒一切重新来过。

易导演自己就是一个很直爽的人，有什么说什么，开始的时候觉得有点难以接受，时间长了会觉得这个人非常难得。正是易导演的言传身教，才让桂纶镁觉得，"只有在最重要的时间说出真话，事情才能走得比较顺利。"

从那以后，桂纶镁开始学着诚实面对自己，这并不容易。她曲折地走在这条路上。有一段时间，她因为要学着不掩饰自己的态度，就变得比较尖锐，带有攻击性。这是年人在找寻自我时所遇到的第一重障碍，不知道怎么处理表达自我与不伤害他人之间的关系，常常会顾此失彼，失掉平衡。

后来随着阅历的增加，她开始变得柔和起来，那是沿着自己确定的路走下去，逐渐看到了更为清晰的未来之后与世界的和解，"一个成熟的人往往发觉可以责怪的人越来越少，人人都有他的难处。"她学会了既能表达自己，又不会给别人造成困扰的办法。

在影视圈，桂纶镁不算多么漂亮的女明星，她始终都像一个清淡的邻家女孩，不惊艳，只是看过之后，叫人难以忘怀。这种特别清新的气质，和她始终有自己的坚持有关。她一直走自己的路，在选片子角色的时候都会以自己喜不喜欢为标准，这才让她保持了这种独特的韵味和演艺路线。影视圈每天都有漂亮姑娘涌现，为何有的人就是怎么都很难被记住，大概就是因为她们美则美矣，但没有特质。像一个完美的塑料花，总也开不败，但总不能打动人。

她很幸运，在很年轻的时候，就遇上了易导演，遇到了自己一生的导师，改变了自己一生的命运。表面上易导演说的是演戏的技巧，但实际上谈的却是整个人生。她将从易导演那里得到的人生提示形容成最珍贵的东西，"你遇见过了，那个东西会像点一炷熏香，一直在你的心里酝着，酿着，它能让所有的平常时候，都飘着这个香气。"

做自己，应该是所有艺术家最终追求的境界。人总是在真实展现自我的时刻最具有魅力，做明星也是一样，可以有适度的修饰与包装，但如果想要长久地保持一种吸引力，靠的还是内在的积淀和人格的修养，也就是真实的自我的光芒能射多久，偶像的魅力就能闪烁多久。比如哥哥张国荣，他一生所有的光辉璀璨和质疑诋毁，都是从他坚持做自己而来。

在还没有出名之前，张国荣就是一个很执着于忠于自己、表现自己的人，早年他接受采访的时候说过，"我不习惯给人家去评论，也不轻易去改变自己去迁就别人，总言之，我想我的本人非常固执和自我，旁人绝不容易发现银幕下真正的我。'I'M WHAT YOU THINK I'M'便是了，反正我未必一定引起你们的兴趣。"

很多人都注意到了他这种特质，从 *Monica* 开始，郑国江先生就认为他是极具个人风格的歌手，别人根本无从模仿，"他的节奏有时会拖慢少许，反而会令那首歌更特别。他的舞台表演也常常出人意料，就像走钢丝，身边的人常常替他抹一把汗，但他却一点也不怕，永远都不设安全网，要做就要做到极致。"

美国电影《天鹅绒金矿》里说，"一个娱乐界的艺人，在他在努力地塑造自己的品牌的时候，原来他自己的真实是有所牺牲的。到最后，他的品牌是会控制他的真实，控制他的现实。最后，现实的自己留下的只有一个品牌。那个品牌是永远永远烙到了人们的心里，所以一个演艺人，基本上是一个牺牲。"

他却不想做这样的牺牲。他始终竭尽全力将生活中的自己和人们心目中的那个"张国荣"区分开来，舞台上他是个天才演员，只要给他一束光，他就能创造出最极致的演出，但台下，他并不希望还是做一个偶像，一个刻意迎合大众口味的明星，他要做回张国荣。

很少见一个明星，会像他那样倔强，要对抗职业生涯中那些显而易见的压力——无论是前卫的艺术风格还是生活中的情感选择，他全都要按照自己的心意去做。他说做 show，就是要让能欣赏的人去看，然后要让想说的人去说。他给世界交出了两份菜单，仅供个人选择。

他是有信念的人，这个信念就是真、善、美，他努力做到这三点，在不伤及任何人的前提下，他渴望自由、超越、洒脱的生活。他不想像任何人，只希望做自己。

多少人，终其一生都没有找到一个自己面对自己的机会，终其一生都在迷失。而他，却在真真假假的娱乐圈中，做到了始终是真的自己，面对真的自己。堂堂正正地表达自己，爱护自己，没有抢走世人所知的那个张国荣的风采，也保留了自己的底色。

正是如此，让他在娱乐圈成了一个异数。即使不喜欢的人，也不得不承认，这个人是如此与众不同。

绝大部分人在小时候都被父母教育要诚实，说谎话不是好孩子。于是我们知道应该对别人诚实，这很难办到，但对自己诚实，才是最难的事情。

对别人的不诚实，是瞒不住自己的，或者掩饰，或者撒谎，或者虚构，都在自己的策划和设计中，就像一个编剧，十分清楚自己人物的命运会怎么发展。而对自己不诚实，常常能够骗过自己。有些人虚构出一个自己，时刻伪装、遮掩，别人喜欢什么样的自己，就给出什么样的自己，像变色龙一样，在人群中不断改变颜色，到最后，已经不知道真的自己是什么样了，自己把自己丢掉。

在情感咨询中，我遇到过很多不会诚实面对自己的人，他们失掉自己太久了，甚至在最一对一的关系中，也不习惯对任何人坦白自己。他们诉说自己的情感烦恼，急需帮助，却是站在一定的距离上倾诉，不愿意谈及自己真实的想法，以及自己对自己的评价和认识。这叫人无法提供有效帮助，因为决定我们最终会过上什么生活的，只有我们自己。

逃避的态度让他们的生活变得混沌，不去发掘真实的自我，让他们永远偏离真相。很多人都觉得坚持做自己太难，不如含糊点，混入人群，做一个面目不清的族类更省心省事。但世界是多么的矛盾啊，如果你不去讨好它，它就来讨好你，你一味屈就它，它就对你摆臭架子。

无数人的成功都说明了这一点，做好自己，并非捷径，不过可以解决很多复杂问题，让这一生不虚此行。

不要过于在意世界，只需讨好自己

前些天，我参加研究生复试时并未像几个月前举行的初试那样感到惶恐不安，害怕不已。这大概和我调剂后确认的专业有关。

我读大学本科时修的是中医骨伤专业，曾经有很多人说我选的专业很好，将来当上骨科医生了，一定会相当有钱，也很吃香。我的爸妈和村里人都认为我可以在漫长的医学旅途中吃得了苦，扛得住压力。每次回到老家，他们都会面带微笑，甚至热烈地拍打着手掌对我说："哎哟喂，咱们的大夫回来了。"

"大夫，你这一回来又打算在家里待多久呢？"

"大夫，你看，你读书又把自己读瘦了！"

"大夫，你得攒劲学！干啥都不好，就是当医生有出息！"

……

面对这些，我自然不能丢脸，所以我也拼命看好自己，相信自己一定能在将来成为出类拔萃的大夫。

在读大学那五年，我没有接触过网络游戏，没认认真真地谈场恋爱，没睡过懒觉，也不出去鬼混，课外除了写几篇文章赚点生活费，我都是一个人抱着厚厚的课本去图书馆上自习，我从没有那么用心去花几年时间做这么一件事。当然，在我读高中那会儿，我花了两年时间去暗恋一位姑娘，为她买醉过，哭过，也笑过。

我大概领会到了一些努力成长的意义。在我还没有成年时，我拼了命的，甚至冒着被体罚的风险去摇晃妈妈的大腿是为了多拿一毛钱，这样我就可以多买几个玻璃弹珠，就可以多玩一会儿，少读一点书。但在我 18 岁之后，就算没有人督促我的学习成绩，没有人在乎我的想法，我也会用尽力气去深爱那么一个人，去喜欢做这么一件事。我觉得成年后的我们会越来越在乎，甚者还会揣摩别人对自己的看法，我们现在这么执着，那么努力，不再是只单纯地满足自己这双眼睛、这颗心，大多时候其实是想讨好这个世界，看别人的脸色，看别人的心情。

我的爸妈和村里人都希望我能进大一点的医院当医生，有时候我的头脑里也会突然闪过这么一个念头：我穿着干干净净的白大褂，在省医院昂首阔步，周边人向我投来羡慕不已的眼神，我竟感到格外兴奋，优越感油然而生。所以，后来我赞成了他们的观点，他们叫我努力考研，他们相信我一定能成为响当当的骨科医生。

我便开始在心里种下这么一颗种子，给它施肥，替它浇水，帮它锄草。

但让我感到吃惊的是，这颗种子竟像登门槛效应一样，你越乐意接受较小的、较易完成的要求，在实现了较小的要求后，就越愿意接受别人给你的更大使命，越容易向别人，乃至命运做出妥协。终于，这颗种子就如同被吹大的气球，快要爆炸了。

我把这样一颗种子看成希望，我很需要它，它能给我带来满足感和安全感。但是，我也会被它伤得很深，尤其当我经历过登门槛效应后，有人却在后来板着脸或是以沧桑者的身份告诉我不能这么做，我追求这些东西会注定是徒劳无功的。

我记得去年在浙江一家医院骨科实习时，带教老师问我以后考研会选择什么样的专业，当时我想也没想就斩钉截铁地告诉他，我会报考骨科专业，而且会去沿海城市深造。但他却用狐疑的眼神看了看我，然后笑出了声，他说我不适合当骨科医生，因为我很瘦小。有次他做 colles 骨折远端复位术，我当他助手，却在他用整个身体的力量对病人的患肢施加压力时被拽倒在地上，病人疼得嗷嗷大哭，带教老师和患者家属都指着我的脑袋骂我没用。我感到特别自责、难过，竟躲到医院的角落里痛哭了起来。也就因为那一次的手术失败，后来带教老师不太愿意教我更多的骨科知识，他认为我只适合当内科医生。

由于我的先天不足，带教老师不看好我的原因，2016 届研究生招生考试现场报名那天，我瞒着爸妈忍痛割爱般换了报考专业。

几个月后，当我得知自己的初试成绩过了山东骨科的复试线，却没有达到本省的内科专业线时，我慌乱了，感到特别懊悔。

在我成年后，因为不自信，时常贬低自己，也因讨好别人的性格，我曾错失过很多事，伤害过很多人。我曾特别喜欢这些东西，这些东西也曾特别适合我，但我从来都没有做出一次对的选择，没有跟着自己的初心出发。我不知道有没有人会像我这样，在成长的过程中，没有梦想，没有勇气，盲目跟风，违背初衷，跌跌撞撞？如果有，我多希望我们能够多花一点时间去认真反思自己，活下来到底想要什么？追求什么？如果我们都找到或是遇到喜欢的事或人，我想我们都应该真心实意的，无怨无悔的，踏踏实实地努力坚持下来。这世上没有什么成功能比得上我们曾用心追求过的旅程。

前些日子，我在北京认识了一个朋友，他是南方人，曾在湘雅医学院攻读神经内科硕士研究生，他妈是中南大学的免疫学老师，他爸在湘雅二医院内分泌科当主任，老两口都希望他也能留在医学领域。但他一直以来都不喜欢学医，他只想画画，而且他的女朋友是北京人，已经在一家出版社找到工作，他们谈了六年恋爱，他很爱她。所以他毕业后并没有留在长沙，而是毅然决然地跟着女友去了北京。

我说，你这么做不怕爸妈反对吗？

他说，做自己喜欢做的事就不要在乎那么多。

我说，可我就怕让爸妈失望，让别人瞧不起我。

他说，没有关系，你不需要讨好全世界，你只需要做好自己。而且别人对你的看法总是暂时的，但自己所做出的决定却影响自己一生！

然后，他就跟我讲了很多他历经过的故事。我似乎能在他的故事里看到了现在的自己，迷惘、空虚、悔恨，活得一点儿也不从容淡定，过得一点儿也不像自己。

很多年前，我不喜欢学医，我的梦想是当一名大学老师，或是在政府机关做一名可以朝九晚五的公务员，我会有很多时间去游山玩水，去思考人生，去书写生活。但后来，爸妈帮我选择了医学，我也就尽力去完成这个使命。

我用了很多年去喜欢医学课本，去适应神经血管，去敬畏细胞生命，我以为我会爱上这些东西。可多少年后的今天，我并没有达到这个目标，如果我要读研，就要被调剂到基础医学院，我很有可能不再从事临床工作。

做出决定的那天晚上，我感到特别无助。我打电话问 Z 姑娘，如果你是我，你会怎么选择，是去读硕士研究生？还是再考一年？Z 姑娘并没有帮我做出选择，她只是轻描淡写地说了四个字："从心出发。"

如果是在几年前，也许我并不能理会这几个字的含义，我会觉得 Z 姑娘对我一点儿也不用心。

　　但现在我能领会这当中的意味，所谓"从心出发"，就是找回自己的初心重新上路，既不会因为过程的磕磕绊绊而堕入无底深渊，也不会因为事物结果的好坏而大喜大悲，我们只需要用心聆听沿途的风景，偶尔回过头看看身后的路。

　　我选择参加研究生面试，愿意读医史文献专业。我认为自己可以在多少年后成为一名大学老师。如果有人还像反对曾经的少年一样不喜欢现在的我，没有关系，我只会告诉自己：这便是我的初心，我一点儿也不感到紧张。

　　你不需要讨好这个世界，因为他们都不是你。当然，如果有人愿意花更多时间去了解你、支持你、喜欢你；愿意想你之所想，急你之所急；愿意成为你生命里的一部分，那我希望你不要轻易拒绝，不要随便放弃。

趁一切都来得及，停止抱怨吧

记得刚到北京的时候，人生地不熟的，一切都让我感到不安和迷茫，我很想找个人诉说一下，于是每天都在朋友圈刷屏，诉说着自己的近况。

其实大部分也都是一些琐碎的小事情，比如今天连着五趟地铁都没能挤上去最终迟到了、这个月工资又不够花、在单位因为自己不懂无意中闹了个笑话……当时的状态也确实很差，每天都焦虑不安，只有不断地在朋友圈中说话，才能稍微缓解一下自己的不安。

刚开始还有朋友们关心几句，后来大家已经习惯了，渐渐回应的人越来越少。

有一次情绪特别低落，就在朋友圈发了一条信息，大意就是说自己此时此刻心情很糟糕什么的。

很多人一刷朋友圈、微博、豆瓣，发现到处都是在晒幸福、晒吃、晒美照……总而言之，大家看起来都过得很好。于是心里就会产生一种落差感，觉得只有自己才是过得最苦逼的那一个。然而事实却并非如此，大家过得都不容易，没有人的成功是来得理所当然。也并不是只有你一个人感受到艰难，只不过只有你一个人说出来而已。

有一次在微信上聊天，我终于忍不住问她，北漂这几年，难道你就没有遇到什么困难，或者感到迷茫的时候吗？

她说，当然会有啊，怎么可能没有呢，只是无论多难都不会说出来，一个人默默承受罢了。你说出来给谁看呢？谁会在意呢？有什么用呢？无非是让大家看到你不堪的那一面，既然没有用那么我为何说出来呢？而且悲伤的情绪是会渲染和蔓延的，当你觉得自己特别苦逼的时候，千万别找人诉苦，而应该告诉自己，我很快乐，努力让自己笑起来，哪怕是皮笑肉不笑。只要肌肉牵动嘴角裂开来笑一笑，那你的情绪就会变得好一点。我每次感到难过的时候就会发一些自己特别快乐的状态，并非是给别人看，而是给自己看。

从那以后，我也开始学习她的方法，每当遇到困难的时候，不再去抱怨，而是让自己笑起来。

当我觉得情绪低落，想在朋友圈抱怨的时候，就会想起她的话来，然后默默地把那些负能量的句子删掉，换上一张阳光灿烂的照片，配上轻松快乐的话发出去。

过了一段时间以后，我发现我的心态真的发生了改变，在遇到任何事情的时候都不再轻易去抱怨，而是默默去做好。即使实在觉得难过，也不会说出来，自己一个人静静就好。

当你在抱怨的时候，有的人正在暗暗努力，他们所承受的压力，一点都不会比你少，直到有一天等你猛然惊醒的时候才发现他们已经远远跑在了你的前面。

那些看上去光鲜亮丽的人，他们只是善于把自己苦逼的一面隐藏起来。

你只看到了别人拿着高薪，动不动就来一场说走就走的旅行，穿着名牌出入高档餐厅，但你看不到他们加班到第二天的早上，走出单位大门吃个早饭回家对付几个小时还得回来上班。

有个做广告的朋友跟我说，有一天他难得没有加班，下班后走在大街上觉得特别别扭，不知道有什么地方不对劲，想了很久才明白，原来是因为天还亮着。

朋友说到这些的时候一脸轻松，丝毫没有表现出自己有多苦逼，或者觉得自己有多努力什么的，感觉这就是生活正常的样子。

而据我所知，这位朋友每天在加班结束以后，还要坚持写作，开着一个美食专栏，已经跟出版社签了两本书的出版合同，其中一本书已经顺利交稿，正在等待出版中。

不止如此，他的生活也并没有因此而变得暗无天日，经常能够看到他在朋友圈晒出自己做的那些卖相精致让人看一眼就食指大动的美食，隔一段时间，就能看到他正在某个地方旅行的照片。

坦白说，这要是换了我，在如此繁重的工作状态下，根本不能像他这样把生活过得充实而富有色彩。而对他来说，这只不过是最平常不过的事情。

　　似乎大家无形中都形成了这样的共识，只在人前展现自己最好的那一面。这并不是虚伪，只是因为别人没有义务去承担你的那些负面情绪，自己的生活本来已经够艰难的了，没精力也没兴趣给另一个人排忧解难，答疑解惑。而且这也是基本的礼貌，没有人愿意每天都接触一个浑身充满负能量，不停地絮絮叨叨自己生活有多差劲和有多不幸的人。谁也没有心情去对别人的生活境遇表达自己廉价的同情，而且那些热衷传播负能量的人真的很讨厌。

　　另外很重要的一点是，你向别人展示自己是什么样子，你在别人眼里就是什么样子，久而久之，你自己也会真的变成那个样子的人。

　　每天抱怨工作有多不顺当的人，会让人觉得你工作能力很差，抱怨自己生活有多糟糕的人，别人会觉得你是一个很糟糕的人；而如果你向别人展示的是你工作精明能干、生活丰富多彩的一面，别人自然会觉得你是一个有能力、有趣味的人。

　　自己也会被自己的情绪感染。经常抱怨的人，就会陷入事事不顺的泥沼之中；经常展示自己美好一面的人，自然会养成自信的气场，做事越来越顺。

　　大家都是成年人了，一切自身的行为都应该自己来负责。没有什么人有义务随时随刻做你的保姆和心理辅导员。有些事只能自己默默扛着，没有任何人可以代替。收起那些顾影自怜和自怨自艾，活在当下，不断地向前看，才能在这个残酷的世界生存下去。

趁着一切都来得及，停止抱怨，做一个独立自强的人，成就全新的自己吧。

没错，你没必要被所有人喜欢

人们总是费尽心思地要讨旁人的喜欢，或者努力喜欢上一个你极度讨厌的人，可到头来发现，我们并没有被旁人喜欢，也开始讨厌这样的自己。

1

我在差不多十岁的时候被我母亲带到了城市里生活。那个时候，母亲每天有十块钱的收入，日子过得相当拮据。我和姐姐都是懂事儿的孩子，所以从来没有跟母亲提过什么奢侈的要求，在那个年月，我眼里的奢侈可能就是六块钱一双的橡胶运动鞋，城里的男孩子都在穿的。

我穿着我母亲做的布鞋到教室上课。有一天一个老师看到后一点情面都没留，当着全班学生的面说我的鞋子老土，还建议我不要再穿到教室里来了。我到现在都没有想明白那天被侮辱的具体原因，我只知道我真的很难过，并从那天起就再也没有穿过一次布鞋。于是，我记住了那个老师，教我数学，姓高。

刚到城里上学的时候，我的数学成绩特别差，基本是每周都会被高老师叫家长的那种程度，我母亲没有逼我什么，她知道我需要一个过程，于是算是忍气吞声地被高老师喝令。我是一个自尊心很强的孩子，尤其见不得母亲受气难过，她是一个连我父亲抚养费都不要的坚强女人。于是，我跟着上初中的表哥同时睡觉同时起床，几乎是走火入魔地学习，重点是数学。那次的期中考试我的数学成绩考了全班第三名。

我当然是高兴的，第一次真正理解和体会扬眉吐气的感觉，我还告诉我母亲老师会奖励前三名一个本子，很厚的那种，高老师之前答应过我们。然而，在那天的评卷过程中，她给第一名、第二名、第四名的同学发了那个我一直期待的本子，唯独没有发给我。理由是：借读生不享受校友的捐赠，那些本子都是要奖给有户口的学生。

我到如今也还是想不明白这是什么逻辑和理由，就像想不明白当时她侮辱我穿布鞋一样。那天放学，我是哭着借钱买了一模一样的本子回家给我母亲，我母亲看我哭，还以为是高兴的眼泪。我没有说破，不想让她和我一样难过。

再后来，高老师还对我做了许多类似的事情，我也渐渐不再去想，我只是告诉自己：高老师不喜欢我。于是，所有的一切都有了解释。

我曾经尝试过讨好，放弃了奢侈的橡胶运动鞋、努力夺得了全班第三名，然而结果你也看到了，并没有什么实际性的改观，于是，我说我没必要让所有的人喜欢我，这是真的，但，为自己而努力，也是真的！

在那个冲动幼稚的年纪，我也曾经做过一些让我如今特别后悔的事情，比如在非常寒冷的冬天，我用牙签封住高老师家门的锁孔，或是在他们小区的墙上写上诸如她长得丑之类的秽语，现在想来发自心底感到抱歉并且不值得。抱歉的原因不赘述，不值得的原因是：既然已经准备豁达到不去讨好一个万分讨厌自己的人，那么为了她背上一辈子的心理负担又是为什么呢？所以说不值得。只是让她静静地待在你世界的角落，以此来告诉你：要允许这个世界存在讨厌你的人，并且不要因为别人的不喜欢而折磨自己。

2

有了童年的高老师案例之后，我对被别人讨厌这样的事情就变得更加淡定。

大学毕业以后，我只身一人到距离家乡两千多公里的广州工作。在到达广州的第一个月，我借住在同事家，他们待我极好，但对一个成年人来说，我懂得分寸和隐私。于是，在发了第一个月工资以后我就主动搬离了同事家，自己找房子住。

我撑着那把从西安带来的黑伞，门外的雨很大，像是从高处泼下来，我的鞋子和裤脚都湿了，甚至黑伞被雨水击打的声音都让我有了一丝恐慌，具体是在恐慌什么我也不知道。终于，我在全身湿透的情况下找到了一所住处，和一个 30 岁左右的国企员工合租，我叫他大哥，到现在我都不知道他具体姓什么。

第一天搬行李到住处的时候，他没有让我进门，而是让我把脚套两个塑料袋再进去，理由是地板刚才拖过。我笑了笑表示理解，于是蹑手蹑脚得像个偷人东西的耗子。住到合租房里的第二天，热得汗流浃背。我跑到电器修理铺准备买个空调，但是太贵没舍得买，最后买了两台二手电扇，一个摆在床头一个摆在床尾。那天晚上 9 点多的时候，大哥进我的房间让我关掉一个风扇。我像个傻子一样坐在蚊帐里问他为什么，他告诉我：电费是均摊的，只能用一个风扇。

可是他房间里的空调 24 小时都吹着凉爽的冷风！那一刻，我真想摆出"河东狮吼"的架势和他理论，但事实是，我毕竟是一个好不容易才找到了容身之所的穷人，我需要忍耐和克制。

合租第二周的星期五，我从外地出差回来需要钥匙进门，但是唯一的一张磁卡在大哥手上，我们还没有来得及向房东申请第二张。我在回到广州的前一天晚上用微信问大哥怎么办，因为我到达家里的时间是中午 12 点，我怕自己被晒化。大哥让我去他公司找他，我说好。

果然是一个能把人晒得熔化的天气。我提着一个大箱子，坐了

40 分钟的公交后到达大哥的公司。打电话说我到了，大哥回复说等一下。于是我从下午的 1 点钟等到了 2 点 40 分，看着眼前一缕一缕升腾起来的热浪，说真的，坚强的我突然有些想要流泪，很复杂的情绪。我没有再等大哥，有些难过地坐上了回去的公交，胳膊和脸被太阳晒得很痛很痛。我打开手机翻看朋友圈，大哥的朋友圈更新了：羽毛球八号场，爽！

我不争气的眼泪掉落了，我从心底里知道眼泪的复杂。

过了一会儿，大哥打来电话问怎么在公司门口找不到我，我笑了一下说我先回去了。

挂断电话后，我擦了擦眼睛，把嘴角扬得很高。那天晚上我在没有找好住处的情况下搬走了，在宾馆里过了一夜，特别开心，特别开心！

现在想来我都不曾真正怪罪过大哥，因为他有自己的做事方式和原则，而他或许也并不是讨厌我。但是我很理性并且清楚地告诉自己，重要的是：我讨厌他！

我终于从一个被别人讨厌、讨好别人、接受别人讨厌的孩子，成长为一个光明正大讨厌别人的人。我是开心着的，我不认为讨厌别人是一件消极的事情，每个人身上都有令我们喜欢的东西，但偶尔也会存在我们忍受不了的缺点，努力适应还是无法忍受，那我选择不折磨自己，远离他。

如今，我坐在电脑前，回忆着曾经发生过的这些旧事儿，对一个坦然接受了被别人讨厌和讨厌别人的自己来说，我是轻松并且感恩的。我谢谢曾经的那个我善待了的自己，也谢谢曾经的那个我没有让我变成讨厌的自己。

你不必让人人都喜欢

　　我喜欢吃橘子，而我父亲，再好的橘子也不吃。有时候我们劝他，诸如橘子富含维生素 C 啊，这个品种的橘子特别好吃啊，等等，他就强调说："再好的橘子我也不喜欢吃，因为我根本就不喜欢橘子的味道。"他的话突然让我有了想法。是的，作为一个橘子，哪怕是再好的橘子，也照样有人不喜欢。

　　这个世界上的人，每个人都有自己所爱的萝卜青菜，通往罗马的道路有千千万万条，很多问题，不是单项选择，答案往往丰富多彩。确定的世界是人为制造的，不确定的世界才是真实的世界。每一件事情的变化都有许多种可能。因为谁也不愿意接受一个没有现成答案的世界，所以，人们喜欢欺骗自己说：答案是早就存在了的。

　　所以人们常为不被接受而苦恼，总以为错误一定来自自身。我们总想："也许我不是一个好的橘子。"在沮丧中，我们失去了对自己的信任，在他人的眼光中，我们匍匐前行，有时候甚至失去了前行的勇气。

　　听到南京的几个中学生因不堪学习压力跳楼自杀的消息时，我感到悲哀。我们且撇开应试教育的残酷竞争不谈。因为在现代社会中，即使没有应试，我们也必须面对越来越激烈的生存竞争，在这样残酷的竞争中，我们是否应该早点儿学会舒缓压力，积极地面对现实？

我想对父母们说：你的孩子无法做一个人人喜欢的橘子，发现他的优点，你将发现他是这样令你们骄傲。给他们自信，这才是你们所能给予他们人生的巨大财富。

我想对孩子们说：你无法做一个人人喜欢的橘子，别人爱吃香蕉苹果，那绝对不是你的过错。开心地接受自己，才能走长远而宽阔的道路。

若全世界的人都不肯认同你，那确实是你出了问题，如果只是很少一部分人对你有非议，真的没有必要在意，因为，你不能，也不必做一个人人都喜欢的橘子。

生活中遇到他人对你自尊和自信的打击，或者是工作上的责难，或者是学习上的嘲笑，或者是爱情中的被遗弃，确实都是人生中很残酷也很难接受的事。我们的自尊心和自信心是最脆弱的东西，我们会怀疑自己："是不是我真的这么差啊？"而后这种消极的情绪会使我们沮丧甚至一蹶不振。

我唯一想说的是：你无法做一个人人喜欢的橘子，你只能努力去成为最好的一个。很多时候，事情并非如我们想象得那么糟，只要你不放弃，继续努力下去，迟早会有人在收获的秋天发现你这可爱的果实。那时候，我们当庆幸自己就是这样的一个橘子了。

坚持做最好的自己。岂能尽如人意，但求无愧我心。相信我，这样想着，你会轻松快乐许多。然后，你便能有美丽的心情看到生活中的种种美好，水清鱼读月，花静鸟谈天。世界，仍是一个等待你成熟的果园。

你的人生，为什么要活给别人看

1

在别人眼里，他是大神级别的存在。

颜值高，能力强，什么事都能做出惊艳的效果，完美得简直像处女座。

他考名校，搞科研，发 SSCI，一路遥遥领先，被身边的同龄人深深羡慕着。

一次喝茶，他对我说，他很迷茫。

为什么而迷茫?

以他的模式发展下去，以后要么进研究所，要么在高校任教。而这两条路，都不是他真正向往的。

他说：我一路走过来，想的都是怎么比别人更好。到了如今，我发现根本不知道自己想要什么。我一直努力比身边的人更优秀，可是猛然一抬头，发现其实我对我所在的领域，根本谈不上喜欢啊。

他确实是一个竞争心很强的人，他曾对我说：我知道这世界上有很多人比我厉害，但如果那个人就在我身边，我就会很不舒服，一定要超过他才行。

一直以来，他以"我要比别人更好"作为目标，一路快马加鞭，靠超过别人来获得优越感。突然有一天，他发现，他走的路，或许是别人艳羡的，但根本不是他想要的。

我为他叹息：喂，你又不是活给别人看的。

2

她和男朋友分手了。

一个人的日子里，她健身、看书、学吉他、学日语、学化妆搭配，让自己变得更优秀、更有女人味。我以为她很豁达，直到有一天，她问我：你觉得让前任后悔的方法是什么？

我一时答不上话来，她若有所思地喃喃道：我认为答案是过得比他好，你说呢？

我这才了然，她努力提升自己，是为了有一天，重逢于街角的咖啡店，能让他又惊又悔。

她每日在微博上晒着小确幸，朋友留言说，你快把日子过成诗啦。只是那个她努力想引起注意的人啊，一直无动于衷。

她收到前任结婚的请柬，没去，在家里大哭了一场。

她终于不甘心地承认：都说分手后要让自己活得漂亮，可是你不管活得有多漂亮，已经不爱你的人，都不会在意的。

又过了一年，我再见到她，她还是活得精彩。

这一回，她坦然地说，她要变得更好，不为任何人，只为了自己。

3

他出身医生世家，本硕连读，后来回了家乡工作，买了房也买了车。在街坊四邻的眼里，他是"别人家的小孩"，听爸妈的话，在父母见得到的地方做着一份体面的工作。

别人说他温润如玉，他却自嘲，性子软弱，不爱反抗的。

他自小喜欢的，其实是画漫画。那时候有一个笔友，他给笔友寄的信里，每次都会附上他的漫画作品。可是做医生的爸妈觉得他那是不务正业，唯有当医生才能更好地利用家里的资源。他很听话，乖乖地选了理科，念了一所医科大学，毕业后，回到省城进父母安排的医院工作。

现在，他的父母对他唯一的念叨就是，早点娶媳妇。

可是，他做不到啊。

他是个同志，父母却盼着为他张罗一场喜宴。

因为这件事，他一直很内疚，觉得不能满足二老的期待，实在是对不住他们。

他一直活在父母的期待里，到头来却发现，别人的期待是不会有尽头的。

4

真怀念小时候，我们摘下花把指甲染红，就能美上一个下午；逗一只大狗，就能玩上一个钟头；简简单单一个跳皮筋的游戏，就能流行上一整个学期。

那时候，我们多么擅长自娱自乐，不需要为了别人的眼光而活。

现在啊，我们当中，有的人是为了别人羡慕的眼神而活，有的人是为了让别人后悔而活，有的人是为了别人的期待而活……

别人的眼光会变，所以活给别人看的人，往往身不由己。

总是为别人而活，太累。真想学一学怎么取悦自己。

你需要的是，活出自己的本真

1

Sofia 曾在法国进修，专业是非常高大上的法律。大学毕业后顺利进入一家法国律师事务所工作，是整个律所中唯一的中国人。而后邂逅当时正在法国出差、经营外贸公司的老公，二人感情发展顺利，没过多久二人便结婚，Sofia 从此安心当起一个全职太太。

还好，她迅速适应了全职太太这一身份，每天在家里摆弄下午茶和宴客，此外，家中的窗帘和其他装饰品，也必须配合季节更新，而她就是家中最权威的"时尚买手"。最赞的是，她甚至在屋顶开辟出了一片花园，满园的玫瑰盛开时，令人恍若置身仙境。

某天，Sofia 突然宣布开店，还是让大家有些出乎意料。作为一名幸福的全职太太，她不是应该花更多的时间在家里相夫教子吗？

"我只是想在家庭之外为自己争取到一些存在感。"Sofia 这样定义自己的开店之举。朋友之间一片喝彩之声，谁也没有多想。直到第三家分店开张时，喝多了酒的 Sofia 才对朋友道出自己开店的真正原因。

Sofia 开店那一年，正是她结婚的第七年。说来也巧，"七年之痒"的说法好像真的有点道理，这一年，他们爆发了无数次的争吵，之前一直沟通非常顺畅的两个人，也慢慢觉得对方真是不可理喻。Sofia 的丈夫谈到了离婚，Sofia 愤怒地对丈夫高喊："你用甜言蜜语把我变成一个什么都不会做的女人，然后，现在你要我滚出去？"

她的丈夫也毫不示弱，回敬道："把你变成什么都不会的女人的那个人，不是我，是你自己。是你自己选择享受我提供的一切，爱情和物质，你为什么又反过头来怪我？"

说完，他傲慢地取出支票簿，开了一张空白的现金支票给 Sofia，说在这上面随便签一个数字，只要他给得起，他一定照付。Sofia 看着地上那张轻飘飘的支票，感觉自己这七年岁月像是被一次性买断了。

2

不过痛定思痛之后，Sofia 真的填了一个数字。

用这笔钱，Sofia 盘下一个店面，几个月的奔忙之后，她的第一家家居用品店开门迎客了。因为有法国的独家货源，Sofia 又精通中法文化，加上她绝佳的品位，这家店很快就红遍了周边的社区。社区以外国人居多，对家居产品有很高的要求，他们也曾经参观过 Sofia 的家，对她非常信任，所以直接要求 Sofia 设计一个全套家居装潢方案的顾客也很多。

半年后，Sofia 的店铺收支平衡；一年后，便获得了不错的盈利；两年后，第三家分店开业了。此时 Sofia 已经拥有了三家店铺、五个以上国外精品时尚家居品牌的独家代理权，以及一家全新的家居装潢设计公司。她寄了一张支票给她的前夫，上面的数字，除了当年的"本金"之外，还多加了 10% 的利息。

更妙的是，现在大家时常看到她的前夫徘徊在她的店铺附近，不是捧着玫瑰花，就是拿着一个包装精致的礼物。问起 Sofia，她倒也大方，爽朗地说，他正在努力地追回自己。

如果非要从这段经历中总结什么的话，"女人一定要拥有自己的工作"可能是 Sofia 最重要的感悟了。这工作不一定要做得多厉害多成功，但拥有一份工作意味着，你始终拥有一个属于自己的战场和世界，拥有一个可以施展自己才能与维持生计的平台，而不用弯下腰，去捡他扔过来的那几张薄薄的钞票。

女人不管什么时候，都不要屈从于外界的评价系统，收起自己本该华丽而丰满的羽翼，做一个讨好老公、讨好家庭的人，这样的人最后的结局注定是失去自己，找不到存在感。

3

Sofia 坦言，女孩子在成长过程中，身边的人几乎都有意无意地对她们传递着"你要听话"这样的概念，似乎只有"听话"才会获得别人的羡慕和赞美，以及才称得上是"好姑娘"。

"讨好全世界"日益成为她们的人生策略，用自己的讨好、顺从，去换取世界对自己的青睐。这似乎是一种很好用的策略。

可成长到二三十岁时，姑娘们才发现"讨好全世界"这个策略好像突然就不灵了。

世界总是对她们提了太多的要求——你要瘦要美，要性格温柔，还不能玛丽苏；你要循规蹈矩地合群，不能太特立独行；你要好好学习，不能太早谈恋爱，但一定要在变成剩女之前找个优质男结婚生子；你要左右逢源，招人喜欢，又不能太招男人喜欢；你要有事业，但不能太成功；你得经济独立，还不能依附男人……

这世界的规则永远在变，永远给你脸色看。

姑娘们很"努力"地屈就自己去符合世界的期待，却仍然失去了追梦的勇气、最想爱的恋人，把人生过得面目可憎。

我们都曾怕过，急过，痛过，哭过，在迷茫看不清路的黑暗里，以为再也找不到自己的路了。可心里还有一股劲儿，忽然就觉得还是胆大任性地做自己吧，拧巴的世界居然慢慢开阔起来，摸索到一线光亮，慢慢燎原，成为支撑我们内心强大的力量。

讨好的姿态，是一早就放弃了自主权，默认自己不是一个能够掌握自己命运的人，不配拥有真正属于自己的人生。

但事实分明不是这样。你才 20 几岁，别急着去讨好将就，一味地看别人脸色，就会失去自己的颜色；一味地讨好这个世界，就会失去自己的世界。现实残酷，你要比它更酷，去拼命、去尽兴。弱者才被动讨好，真正的强者都在拼命努力，去改写自己在这个世界的生存策略。

姑娘，你不必讨好全世界，你可以不走别人丢给你的那条人生路，不要为了合群丢掉个性，为了稳定放弃努力，为了名利忘记梦想，你有你的骄傲，你可以活出自己本来的样子。

亲爱的，
愿你能
为自己而活

　　我开始对他感兴趣来。他上课从来不带点名册，也不带什么讲义，也不用课件，只是带一个水杯子，一站就是两个小时。他有次写了满黑板的秦国的小篆，对每个字研究得很深。

　　这让我惊奇。虽然我听不进去他的课，但我能感受到在这小小方寸的教室里，有一位遗世而独立的长者，他在分享他最热爱的东西。

　　他说起自己的人生岁月。做过人事处的处长、留校做行政工作的期间，他还一直以写字为乐。听他说起他的工作，和书法没有一丁点儿联系，可丝毫没有愁眉苦脸，怨天尤人。

　　最后那堂课上他说起忘我。他说人只有忘我，才能健康地生活。我看着他微笑的脸庞，心里突然很感动。

　　我感动的是，这世界上从来不缺少优秀的人。大多人按部就班、努力奋斗，都能获得世俗意义上的成功。可活出自己的人太少太少。大多人的优秀很多无非是活给父母看，活给他人看，享受着别人的羡慕。

可我们往往忘记了活出自己的期待。

忘我是什么呢，忘我是不再在乎别人说什么，做什么。你怎么活是你自己的事情，与别人无关。

我有次去南方旅游认识了 Y 小姐。偌大的大巴，不知道为何就觉得她无比亲切。和她聊了很久。才知道她刚刚大学毕业。没有考研也没有找工作。

我问她："你父母不着急吗？"

她说："我和父母商量好了。签署了一年的协议。这一年我怎么安排是我自己的事。我喜欢这种自由的生活方式。我想开一家像它那样的青年旅舍。"她指了指窗外的那家旅舍。

我在心里不禁感慨，这姑娘有些理想主义啊。

后来一直和她保持着联系。和她在一起很舒服，没有社会的浮躁气。

Y 后来去了北京。在那里找了很多工作。据她所说，当过西单的服装售货员、宾馆前台招待员、广告派单者、送外卖的。日子很苦，她有时还怀疑自己是否还坚持着最初的梦想。

"绕了一圈又一圈，我也不知道这是否离梦想越来越远。但是我总觉得这些经历都是值得的。我总要为我的旅舍积累资金、人脉。要不然，我头破血流多少次，都是匹夫之勇。"她发给我的微信消息。

新年时，她发给我一个视频，那是在西单附近大家一起狂欢的情景。在众多欢声嘈杂中，她的笑脸闪映在其中。这个每晚住在潮湿的地下室的女孩子，不知失眠过多少次，和父母吵过多少次架，但她还笑得那么真诚。

有时候我在想，她是不是太固执了。这个世界那么现实，并不是所有人的梦想都会实现。但我知道，其实我也被她打动着。因为她手里始终握着人生风筝的线。当大风来临时，所有人放走了手中的线，风筝不知所踪。可她手冻红了，还是抓着。

人生不走到最后，真的无法说出谁活得才是对的。但是我们沿着别人的轨迹走，真的有时真是没劲透了。

为什么要走和别人一样的路，从初中、高中到大学，我们要做那个乖乖的优秀的别人家的孩子，然后考公务员、考研、考博。于是人生中很多事情也不再问是否喜欢。我们好像已经习惯了这种梦想与现实的落差，再也不去管是否这适合自己。反正总觉得这是安全的。没什么惊心动魄，也没必要为了什么粉身碎骨。

我们也预想到了梦想的归宿，是多年后自己身处热闹时身边的一声悄然的叹息。我们终究是选择了怀念它。

但是我却不甘。很多人却不甘。哪怕会失败很多次，但不枉走过一生这一趟。

Y将那一年扩展到了五年。最后她开了一家自己的客栈。在朋友圈发了短短的文字。她说："感谢自己。"

我看着视频里她剪彩的兴奋，那么怕鞭炮声的她，没有捂耳朵，只是一直笑，笑得让我误以为此时是春天。

　　最后，在书法课结课的时候，我写了这样一段话给老师：

　　"这个世界如今太浮躁，人们着迷的事情太多，但说到底，又有哪些是人生必需、心之所爱。您能潜心研究书法，用所有情感去写字，不为其他俗务所扰，犹如茫茫大地中一苇以航，随从者、知己者虽少，可您却航行得远。"

　　现在想想梦想不过是自己的事情，再怎么绚烂，再怎么凄凉。其中的过程别人都不会懂。

　　但愿我们走到尽头时不再有遗憾，为自己而活。

我可以喜欢你，也可以不喜欢你

"生活是公平的，赐予我们鲜花美酒的同时，也赐予我们苦难和磨砺，给予我们喜欢的同时，也给予我们不喜欢。"

上个周末，在街上遇到一个很久没见的朋友，他跳槽去了一家新的公司，听说职位不低，年薪可观。以为他会春风得意，踌躇满志，毕竟不是人人都如他这般好运，谁知他却愁眉不展，眉头紧巴巴的皱在了一起，皱成了山川河流。

原来，他去了这家新公司，诸事都好，偏偏有一个同事喜欢跟他作对，不管他做什么事情，那个同事都看他不顺眼，总是对他冷嘲热讽扬沙子，鸡蛋里挑骨头，令他厌烦不已。

他叹了一口气说，我左思右想，瞻前顾后，觉得自己并没有得罪他，远日无冤，近日无仇，他干吗那么喜欢跟我作对？我说东他会说西，我说左他会说右，处处针对我，我既不是他的竞争对手，也没有在背后放他冷箭，何必搞得像敌人似的？你说他累不累啊？

我也叹了一口气，说，你肯定是误会了，他并没有拿你当敌人，他也不是处处针对你，他就是有些不喜欢你。朋友愣了一下，摇摇头笑了，自言自语道，也是，我和他并没有什么国仇家恨，更不是什么敌我矛盾，以前甚至根本就没有见过面，不认识，更不熟悉，可是我就是想不通，他为什么不喜欢我？

不喜欢就是不喜欢，哪来那么多理由？

生活在这个世界上，就算你生得灵，长得乖，生有一颗七窍玲珑心；就算你八面玲珑，左右逢源，应酬得密不透风，也还是有人会不喜欢你。老话说，一人难当十人意，也就是这个道理。就算你再努力，也不是人人对你都满意，哪里需要什么理由？

有一句诗写得好：横看成岭侧成峰。对待同一件事情，或对待同一个人，因为角度的不同，其看法和结果也会大相径庭。

物以类聚，人以群分。我相信人与人之间是有气场的，气味相投的人会惺惺相惜，会成为朋友，会成为喜欢你的人。反之，则会怒目相向，成为敌人，成为那个不喜欢你的人。上天也算公平，给你朋友的同时，也会给你敌人，让你享受友情的欣慰，同时也让你体会生活的磨难。七荤八素，五味人生，才是生活的真滋味。

人生路上，风一程，雨一程，我们会遇到很多的人和事，并不是所有的人你都会喜欢。同理，也并不是所有人都会喜欢你，就算你再怎么为别人去改变，也不会让人人都满意，与其挖空心思地改变自己，迎合别人，还不如就做你自己，做一个个性十足，有棱有角的人。

对待不喜欢你的人，不必刻意去跟人家计较，就像两根永不交错的轨道一样，各自伸向远方，互不打扰，互不干涉。或者像两条平行线那样，互不影响，互不交集。把那些不喜欢自己的人发出的声音，当成噪音，别让这些噪音干扰了自己的生活和秩序，让其慢慢淡出你的视线，走出你的视野。

安心过自己的小日子，不必和那些不喜欢自己的人去纠结，更不必假装喜欢别人，也无须强迫别人喜欢自己，坦坦荡荡，做自己喜欢做的事儿，喜欢自己喜欢的人儿，人生短暂，用真性情与生活和解，用真性情与生活拥抱。

生活是公平的，赐予我们鲜花美酒的同时，也赐予我们苦难和磨砺，给予我们喜欢的同时，也给予我们不喜欢。

滚滚红尘之中，人与人之间讲究的是个缘分，遇到喜欢你爱你的人，当全力回报以喜欢和爱。遇到不喜欢你的人，擦肩而过，遥遥相望，如此，而已。

适合自己的，
才是最好的

选择一种适合自己的

就是最好的，

而不要

去为了别人的眼光而活。

适合自己的，才是最好的

今天要来讲一讲自己关于忙与盲的故事。

当 2009 年进入大学接触到电子商务专业时，就开始喜欢上了互联网这个行业，所以大一就决定以后要在互联网行业工作，原因有两个：

第一，互联网自由、开放的精神，更适合自己"不羁放纵爱自由"的性格，不喜欢穿套装上班，不喜欢阿谀奉承，不喜欢需要靠熬日子来上位。所以面试的时候我基本不会穿正装，因为我不担心自己未穿正装而在面试中被"扣分"，我想如果真被"扣分"的话，这样的企业一定不适合我，不去也罢，正所谓道不同不相为谋。

第二，互联网行业是一个充满创新的行业，每天有层出不穷的新概念、新产品、新玩意，这也很符合求知欲强烈的我，可以让我每天有东西可以学，每天的工作也都可以变得好玩而充实，一成不变的工作和行业注定是不适合我的。

除了上述两个原因外，还有一个最直接的原因就是互联网行业作为风投的宠儿，它能提供高薪水。作为信奉"赚钱是为了实现梦想"

的我，一份"多金"的工作自然是很必要的，以BAT为首的知名互联网企业给应届生开出近20万的年薪，对于应届生的诱惑真的不是一点点，我也毫无疑问地沦陷了。

因为想着毕业后回杭州工作，所以在进入研究生阶段就把目标瞄准了A公司，花了很多时间做项目做科研攒经验，到了今年3月份找实习的时候，第一时间投了A公司，经过电话初面后毫无疑问地被拒了，然而我竟被高薪诱惑得如此麻木，都没有再投其他任何公司，而是继续学习弥补自己的不足，现在想想自己还是挺能冒险的，喜欢all in 的感觉。

很快到了9月份正式的校招季节，遇上了A公司的"拥抱变化"，加之自己临时换了求职方向（从数据分析转运营），再次与高薪失之交臂。于是就找了个小创业公司实习，希望通过实习期间的表现能够在毕业的时候拿到一份高薪，于是过起了BAT式的996（工作时间：早9点晚9点，每周六天）的生活。

然而实习了两三周的时间，我就似乎迷失了自己，每天起床上班，下班睡觉，没有了生活。当某一天晚上有机会坐在电脑前听着音乐码字的时候，我感受到了许久未出现过的满足感，那时候我开始意识到，原来我内心并没有那么向往高薪，996机制并不适合我。所以我跟老板辞职说，我要过有生活的日子。

我的内心感受告诉我，我更向往的是每天可以有自己的时间，可以用来听着歌写自己想写的文字，可以用来做运动，可以用来看书看电影，而我努力赚钱想要实现的梦想不就是过自己想要的生活吗？

自己之所以那么急切地想要高薪，其实也不过是希望用它来吸引别人的羡慕眼光，因为在过年与亲戚朋友相聚的时候，似乎没有人会关心你有没有生活，大家关心的只有工资多少！嗯，才发现原来以前自己那么虚荣，那么努力地挤破脑袋想要去 A 公司仅仅是为了获得别人的羡慕眼光。

现在，很幸运，重新找回了自己，在一个不大不小的公司，做着自己喜欢的工作，算不上高薪，但按工作时长算时薪应该也勉强过得去。现在听到别人的高薪不再有羡慕眼光，因为真的一份付出一分收获，企业作为经济学要素，一定是你给它带了效益才能对你有所回馈。

没有从天而降的"馅饼"，没有平白无故的回报，没有一蹴而就的"成功"，只是看你如何去选择。有的人愿意牺牲自己的生活去换来一份高薪水也无可非议，因为有些人对钱的需求远大于对生活的需求。选择一种适合自己的就是最好的，而不要去为了别人的眼光而活。

别人眼里最好的你，不如真实的自己

　　大长脸是我表哥，一个典型的天秤男，有一张酷似日本文艺片里猥琐大叔的长脸和一种慢吞吞、与世无争的呆萌气场，而且还有"程序猿"的标签。他的语言表达能力退化得惊人，考英语只能考到满分的三分之一，说汉语也老是舌头打结。不过仔细想想这些年，他的经历，让我相信了"讷于言，敏于行"远好过"45 度角仰望天空，屁股都懒得挪一下"。

　　"梦想注定是孤独的旅行，路上少不了质疑和嘲笑"，这是陈欧，他为自己代言。而大长脸的梦想没有那么励志和正能量，他的梦想从小就有些俗气，就是赚钱。后来，我渐渐发现大长脸让我看到了这个世界的 N 种可能，让我发现原来没有那么多的不可能。

　　为了买新出的四驱车，大长脸自力更生。为了省下钱买更好的贺年片，他从 H 市的一端沿着铁轨走到火车站小商品批发市场，当时顶着呼呼的寒风、踩着冰冷的铁轨走 40 多分钟的开心和无忧无虑，直到现在我都记忆犹新；再长大些，大长脸就开始打起了夜市和各种音乐节的主意。平时慢吞吞的他，在被逼急后所爆发的力量是不可估量的，一双大长腿不知逃过了多少城管和大妈的围追堵截，一张大叔脸不知哄骗了多少少女买他的海报和荧光棒。我曾经以为他是只鸵鸟，慢吞吞地走，慢吞吞地下蛋，一切都是慢吞吞的，后来才发现这家伙是只黄鼠狼，有目标，有方向，起早贪黑，不言不语，然后一招制胜……

大学毕业，计算机从业人员供大于求，一向傻呵呵、慢吞吞的大长脸，也在人生的十字路口变得既孤独又迷茫。我问他准备从事什么职业，他无所谓地说，不管干什么，挣钱就好。那段时间，大长脸在无数个招聘现场中木然地奔波，实在没有着落了，他俗气地和我说，先挣钱再说，于是勤勤恳恳地在一家西裤连锁店干起了调度员。

寒假回来的时候，他抽烟抽得很凶，牌子也貌似提了好几个档次，烟圈在故意蓄起的胡须周围调皮地打转，长长的脸看起来有些沧桑，又有些可爱。我问他下一步准备去哪儿发财。没想到，他把烟蒂狠狠地摁在地上，正能量十足地说，去考公务员。当时，我惊得半天都没说出话来，不知道这半年他经历了什么，是他厌倦了漂泊还是真的改邪归正要立志为人民服务了？不过这些都不重要了，重要的是这家伙在"离经叛道"后真的就"洗心革面"，开始在康庄大道上"匍匐"了。

两个月之后，大长脸带着一脸释然和从没有过的平静告诉大家，他没考上，不过准备创业，店铺已盘好就等装修了——他要和朋友合开一家桌游吧。我不能想象家里那帮"50后"和"60后"在听到"桌游吧"三个字时，是怎样在他需要启动资金的时候批驳和斥责他的，也不能想象他是怎样顶着压力在大家都不看好的前提下到处找房子的，只知道他去做了。开始装修前，我问他怎么从家里拿到赞助的，他只说他和他爸磨叽了好久才拿到开店的一半资金，他说这话的时候眼睛里满是温暖和喜悦。

店是他和朋友一起装修的，基本上是从毛坯到精装的一个过程。那段时间，他估计快被装修折磨疯了，在收集了整整一屏幕的装修攻略后，去建材市场讨价还价，然后光着膀子在房子里 DIY 各种小型家具和道具，来"拜访"他的人络绎不绝。有楼上叽叽喳喳的大妈，有儿时一起长大的小伙伴，也有一群又一群慕名而来的家人。有来絮絮叨叨让他停工的，有来嘘寒问暖送祝福的，也有来冷嘲热讽表示同情的，当然送祝福的毕竟是少数，表达无限同情的和袖手旁观的是多数。

那段时间，人家在说，他就在叮叮当当地钉钉子或者在咯吱咯吱地锯木头。不按既定的方向走，不按套路出牌，让他和他的小伙伴在这条路上走得有些孤独。但我相信，他这么做是真心想这么做，人如果真想做成一件事，全世界都会伸出援手。这世界这么多可能，不尝试怎么会知道没有可能，如果人人都听信别人嘴里的不可能，那也可能这个世界就真的不会有那么多可能了。

　　很快，周围的唏嘘声越来越少，各种物质和精神上的抚慰来到了大长脸身边。弄一棵小树苗是需要钱的，可他真是踩到狗屎运了，在一个月黑风高的晚上，当他路过一处建筑工地时，竟然发现了人家刚刚砍断的遗弃在路边的小树苗和废弃的窗框，于是他跟捡了金元宝似的，把树苗偷偷运回店，开心地做成了一棵装饰树和数个装饰品。人是一拨一拨地拥向他的店里，都在感叹他居然没花多少钱就能营造出这么文艺而复古的感觉。大长脸变废为宝的本领，又一次证明了没有真正的废物。

　　开业很长一段时间里，大长脸还是孤独的，他白天忙着发传单，晚上忙着研究店里五花八门的桌游。顾客不多可能是宣传力度不够，需要改变一下宣传策略……我一五一十地给他分析，他煞有介事地听，然后继续抽着烟看着密密麻麻的游戏说明，还是没有抱怨，只是按部就班地该干吗干吗。可能是他在关键时刻能说会道，可能是店面位置优越，也可能是他的大叔气质蒙骗了涉世未深的孩子……总之，在他和朋友的共同经营下，这个店居然在不是很潮的 H 市火起来了。人总是极其矛盾和拧巴的，前一秒在轻蔑和假模假式的同情，后一秒可能就在嫉妒或者毫无顾忌地赞赏。本来很多事情很简单，却被如潮水般拥来的唾沫生生地搞艰难了，本来很多事情的解决之路有很多条，却在条条框框的束缚中被既定成了少数的几条。

很少和大长脸探讨看起来高大上的问题，因为你问，他就会像女神对待难缠的粉丝一样说，"呵呵，天气真好"。后来我想通了，不是他没有精神，只是他把理想主义构架在食物和财务之上，想好了就立刻去做，犹犹豫豫的特性全都留在追女孩方面了。

一个朋友曾经和我说，你哥这店开起来肯定没人去，可是后来在这个小店开起来之后，那人却说看看这小伙子踏实肯干又有魄力。想想如果他没有走过那段孤独的时光，会不会也会像很多人一样在按部就班的工作中构思着自己曾经的梦想，不自觉地站到了"庸俗"的队伍里，然后在符合主流的社会里做着规范的事情，有一天也木然地注视着身边特立独行的另一队？

每个人对孤独和庸俗都有不同的理解，孤独也好，庸俗也罢，关键是自己珍视自己的选择，能承受得了选择后的沉没成本，要么孤独地坚持着自己，不求理解，但求心安；要么庸俗地改变自己，不求文艺清高，但求踏实平淡。

人生在世，最难的就是被人理解，生来孤独本是常态，被理解怎样、不被理解又怎样，有偏见怎样、没有偏见又怎样，变成别人眼里最好的自己远不如努力变成心里最真实的自己。

过什么样的人生，就要什么样的努力

1

小意是我在咖啡馆认识的客人，打扮时尚得体，事业有成家庭幸福，谁都不相信她是在一个小山村度过自己的童年与少女时代。最近她少女时住过的房子拆掉，她回家乡带回了一块粉红色的蕾丝窗帘。

这是她小学五年级的时候，第一次去省城，用攒下的零用钱买的。回来以后，就挂在她房间的木格子小窗上。村里的大人嘲笑她，花钱买这么没用的东西，既不遮光，也不挡风，还不如去吃一顿麦当劳。"那时候身边的人，都比我实际。因为缺钱，每分钱都要花在最需要的地方。蕾丝窗帘不是必需品，但对当时的我而言，却代表另外一种生活：超越温饱，追求享受，讲究美。"

粉色蕾丝窗帘，是当时她能够得着的公主梦。放学的时候，当她远远看到自己家破败的土房窗口，飘动着粉色的窗纱，总觉得自己的人生与周围的人是不一样的。平庸的生活中，需要的只是一点亮光，一个够得不那么难看，却又有点费力的目标。

后来，她学了美术。那时在她的家乡，几乎没人知道还有这样一个专业。更后来，她开了自己的工作室。家乡的那间土房，每年回去住一两次，蕾丝窗帘日渐褪色，却顽强地在微风中招摇，从村口到家里的路上，一抬眼就能看到。她自豪地看着它，一个有着粉色窗纱的房间，是当时她能给自己的最好的生活。

2

她生孩子的时候，事业刚起步，丈夫家经济条件一般，所以，当她决定去住本市最好的月子中心的时候，一家人都反对。

"这是我人生最脆弱的时候，我要力所能及地给自己最好的。"她对丈夫说。丈夫无奈地笑，说你这个人，总是心太高。

在那个全市最高档的月子中心，她与许多平时没有机会见到的人成了病友兼朋友。中东富商的中国太太、高龄二胎的女企业家、城中最大餐饮店的老板娘……她们中很多人，不仅成了她工作室的客户，并且变成她的口碑——生意场上就是这样，当你服务过城中名媛富姐，就变得值得信赖。

"你这个月子坐的，用现在的话说，是心机婊。"我开她的玩笑。她认真地说，当时根本没想到坐月子还能坐来订单。"在力所能及的情况下，给自己最好的生活，一直是我的人生准则。"

她说，"我父母那辈人，永远在屈就生活，家里有能力盖新房子的时候，因为要借点钱或者贷点款，就放弃了，觉得欠债睡不着觉。等攒够了钱，三年过去，那些钱根本不够盖房子了。"

3

我们总喜欢说童年阴影对一个人的影响，但童年阴影并没有在小意的人生选择中留下斑驳的伤口，反倒让她避开了一个个雷区，产生一种强大的信念，即永远不要成为父母那样的人。她的父母，是俯下身屈就生活，没有压力、没有动力也没有活力，却始终活在生活的重压下，走下坡路；而她，是踮起脚尖够生活，有一点点辛苦一点点累，却伸长脖子看到了远方，变得更加挺拔自信。

人最可贵的自信，是相信自己的潜能。俯下身子过生活的人，追求所谓的安全感，安全感却离他们越来越远，因为这世界变化太快，真正能给我们带来安全感的，不是银行的存款、稳定的工作，而是自己日益提高的能力与每一天的进步。

踮起脚尖够生活的人，永远在力所能及的范围内，给自己最好的人生体验。只有见到最好的，才知道人是为什么而努力，并不仅仅是锦衣玉食，也不是狭隘的奢华与享受，而是你在最好的地方，可以看到最好的设计、最优质的服务、五光十色的传奇人物，这一切，拓宽你的视野，充实你的体验，让你觉得人活着是一件特别值得并且有意义的事情。

4

哪些是踮脚可以够着的生活？

首先，无论衣食住行，在可以负担与可以选择的范围内，永远选最好的。人的活力是由更好的消费体验得来的，不能乱花钱，但一定要敢花钱，当你觉得这件事值得投入，就不要想着节约，因为你节约的不是钱，而是在人生的经历上偷工减料。

其次，在更好的地方，才会遇到更好的人，在更高的平台上，才能有更好的见识，包括爱情。如果一个优秀的人与一个平庸的人摆在一起，一定要先跟优秀的人恋爱，无论结果如何。

如果当初，可可·香奈儿女士选择了富人家的男佣，赫莲娜·鲁宾斯坦选择了舅舅介绍的农夫，就不会有今天的小黑裙与世界上第一支防水睫毛膏。虽然最终，她们并没有与那些优秀的男人白头偕老，但优秀男人为她们打开了一个王国的大门。HR 品牌创始人赫莲娜·鲁宾斯坦说："真实美就是经过美化的真实。"

既要脚踏实地，又不能被真实打败，就是踮起脚尖过生活。当小意在灰暗的岁月里，花掉所有的零花钱，买一块蕾丝窗帘，她就战胜了自己的真实，迈开向美与梦想前进的第一步，而正是这一小步，使她与邻居的小红、阿丽、狗蛋们区分开来。不是你是谁就配得上谁，而是你觉得自己配得上谁，你就是谁。你心目中的自己，值什么样的生活，你最终就会为自己配置什么样的努力。

毫无疑问，你得先打开门

我曾经跟一位业界公认的拼命三郎聊起一个话题：如果你不缺钱，也不缺时间，你最想做什么？

她眼神灼灼，"去旅游，或者窝在家里看书练字，最好能开一家花店，或者像《破产姐妹》里的两个女孩一样，自己开一家小小的烘焙店也不错，还可以顺带卖手工首饰，一想起来就觉得人生好丰富。"

说完这话的一年零三个月，她离职，有房有车有商铺，提前过上了退休老干部的生活。

"我从明天起就要开始看书，这周计划第一个自驾游，我要去青海，要是有合适的店铺，我就在那边当老板啦。"

她信誓旦旦地说完这句话，被子一拉蒙头就睡过去，起床一看天已半黑，索性放弃阅读的计划，抱着 iPad 刷完了刚刚热播完的一部剧。

接下来的每一天，几乎都是这一天的无限重复。

"我又找了一份工作，明天起也要上班了。"到了第四个月的时候，她咬牙切齿地说，"这四个月我哪儿也没去，书也没读字也没练，找店铺的事更是忘得一干二净，唯一的收获，就是长了15斤的体重。"

"我是高估了'想象'这两个字的力量，以为自己知道想要的是什么，可看来我根本就不了解自己。"她说。

这并不只是一个偶然的个例，想必大多数人都经历过类似的事：上学时是不是每个假期都信心满满地给自己计划了各项任务，工作后每年的年度计划一二三四五，却从来没有完成过。

这并不仅仅由于拖延，而是我们根本不清楚自己想要的是什么。所以才没有强劲有力的动力来完成和实现。

想要成为更好的人，却不清楚什么才算是"更好"的样子，想要努力成为一个更好的自己，却不知道从哪一方面开始。

换言之，内在动机是个奢侈品，只有少数人能够对某项事业抱有近乎狂热的喜爱，知道自己想要追求的方向，清楚地意识到自己的优劣势。

而对于大多数的人来讲，"变得更好"只是一个虚幻的方向，它拥有无数的岔道口，你站在起点这端，既无法看到每条路的尽头，也不清楚更适合自己的是哪一条。

那么问题来了，你是要一直等下去，还是要一直试下去？

相信大多数人都会本能的清楚，"等下去"是一个不可行的选项，可是如果选择"试下去"，又如何能在有限的时间里穷尽所有的选项？什么时候应该开始尝试？精力和时间如何分配？

《你要如何衡量你的人生》中，克莱顿·克里斯坦森给出了我们这样一个答案：

人对自己一生的规划，无非是周密战略和意外机遇结合的产物，关键是要走出去，并行动起来，一直到你明白应该将自己的聪明才智、兴趣和重点放在哪里。当你真正找到了合适自己的事情，再将应急战略转化成周密战略。

想考研究生是周密战略，一个从天而降的实习机会则是应急战略。

取得工作考评的 A+ 是周密战略，一个轮岗的机会则是应急战略。

一个人的成长，不能够只依靠前辈的经验和父母的劝告，也不能够只按照自己预想之中的轨迹进行，生活是个太过复杂的东西，在你没有想好许多因素之前，就已经被命运推着走出门去。

不要拒绝意外，因为意外是让你与世界互相试探的机会，你对什么东西有兴趣，你的天赋在哪里，如何激发自己的潜力，如何找到最适合自己的路，并不是你坐在家里苦思，或者跟前辈们聊天就能获取的真知。

你要走出去，去感知，尝试，体验，才能明白自己跟这个世界的合拍之处在哪里，而这些，不是仅仅凭借坚持"周密计划"就可以达成的结果。

那么让我们来进入下一个问题：如果我接受所有的"意外"，那我会不会因为在尝试上花费太多时间，而成为一个一事无成的人？

给出这个答案的人，叫作塔勒布，他是黑天鹅理论的集大成者，在写完《黑天鹅》一书后，他又在《反脆弱》中提出了对抗"黑天鹅影响"的方法。

"杠铃策略"则是其中很重要的一个原则，它的原意是同时采取两种极端行动，举健身为例，杠铃策略提倡极限运动之后毫不费力的散步，而不是一直保持中等水平的运动量。

我们将这个理论融合进周密战略和应急战略中，可以得出这样的结论：

在大多数的时间／精力投入中，采用能够抗拒负面风险的周密战略，维持并改善自己既定的选择。同时，拿出较小的一部分时间／精力，接纳突发的应急策略，进行大胆地探索和尝试。

讲一个我身边好朋友的例子，她在大一的时候曾经在考研和毕业就工作的两个选择中摇摆不定，考研的想法稍占上风，她每天至少有四个小时都在图书馆度过，而在另外的空闲时间和周末假期，她选择了尝试不同类型的兼职。

她做过导购，做过家教，卖过保险，做过公司的前台，到酒店做过实习生，做过记者，也做过翻译。

到了大三的时候，她就在不断的尝试中，发现了自己的真正的动力其实来源于工作中的价值感和解决实际问题的成就感，而不是仅仅在学术上的进步，她开始将求职转化为自己的周密战略，开始找一些大公司实习，将假期和周末的时间用来保证学习。

快到毕业季，她忽然得到了一个可以到英国读交流研究生的机会，于是提交了申请去了英国，在课余时间外出打工，凭借之前求职积累下的经验，她很快为自己找到了一份实习。

"我从不主宰生活，我是被生活推着走的人。"她说。

世界这么大，想要找到自己很难，弄清自己的优劣势、性格、偏好是每个人一生的课题。

但如果你一直等，大概永远也无法意识到自己是什么样的人，如果你只是过河问路的那匹小马，也就永远无法确定适合别人的道路是否适合自己。

没有人能告诉你变得更好，什么才叫作最有效的努力。读再多的书，听再多的经验，终究纸上得来终觉浅。

我们每个人，都是在跟生活的互相试探和碰撞之后才能找到自己。毫无疑问的是，你得先打开门。

即使是弯路，
也要经历

1

我有一个邻居，从小家庭就很富裕，他爸爸是银行的高管，妈妈是商场的经理，这样的家庭条件在我们那里就属于提早进入小康的家庭。我记得他家是我们那里最早用马桶的家庭，那个时候的我们都难以想象如何坐在马桶上上厕所的情景。他为了炫耀可以坐着上厕所，竟然给我们表演边吃饭边上厕所的大戏。还在上高中的时候他家就已经有了电脑，而那个时候我们只能每周在学校的微机房里用 45 分钟的时间练五笔打字。除此之外他是在高中的时候就已经开始用手机，那可是差不多 20 年前，那个时候我们有 BP 机就已经很得意了。

这个邻居的家庭条件好，从小就娇生惯养，就是我们说得那种含着金汤匙长大的纨绔子弟，人品倒不坏，但是成绩比较一般。高考的时候没有达到本科分数线，但是他家人找了各种关系并且花了很多钱让一所本科院校降分录取了他。大学四年基本上是不学无术，连英语四级都没有过，多门课不及格，最后也是各种走关系才拿到了毕业证。

　　毕业之后也是在家人的安排下有了不错的工作单位，其实按照他的条件如果去参加应届生校园招聘肯定很难找到工作。我们都很羡慕他，那个时候还经常感叹不同人不同命。可是后来不知道什么原因，他父亲被银行开除了，母亲也下岗了，家里还欠下了很多的债务。他因为本来就是靠关系进的单位，能力也不强，加上家庭失势，所以好几年还是在很基层的岗位上，工资仅够勉强生活。为了还债，原先他家人买的房产、车子全部都变卖了。现在的他变成了我们同情的对象。

2

　　我有一个女同学，上中学的时候很喜欢我们学校的校草。校草人很聪明，成绩很好，是很多女同学暗恋的对象。这个女同学长相很一般，但是也很聪明，确切地说就是"心机"重。高考结束后，他们两个人考到了同一城市的不同大学，因为是老乡加老同学的关系，这个女同学有时候也会去找校草玩。

　　那个时候校草也在大学里交了一个不错的女友，长得很漂亮，他把这个女同学就是当成一个好朋友。但是这个心机重的女同学不这样想啊，最后用尽了手段拆散了校草和他女友并且上位成他的女友。我们一帮老同学听到这个故事都惊讶不已，无法相信校草会看上她。

后来，大学毕业没两年他们还真的结了婚，而且还生了一个女儿。我们一度认为这个有故事的女同学完成了人生的逆袭。但是就在他们女儿两岁的时候，两个人的婚姻还是走到了尽头。原来校草由于工作的关系在外面经常吃喝嫖赌，还养了一个小三，而这个聪明的女同学一直以为都跟校草生了孩子早就抓住了别人的心，结果一次偶然的机会发现了所有的事情，一气之下选择了离婚。现在这个女同学成了一名单身母亲带着女儿生活，而校草早就又结婚组建了新的家庭。

3

我有一个亲戚，从小不爱学习，高中毕业后就到深圳打工，那个时候在深圳工厂里打工的收入的确比我们小县城很多家庭的收入要高，所以他每次过年回老家都会有点瞧不起人，甚至有点趾高气扬。他的父母最开始也是非常得意，觉得自己的孩子在外地挣大钱，还经常教育我们"读那么多书没有用""人都读呆了""要早点去挣钱"。

但是在工厂打工并不能有多大的提升，很多年过去了还是一个打工仔。现在的深圳到处都是高学历的人才，到处都是高科技的行业和公司，一个高中学历的人根本无法找到一个体面的工作，更不用提在深圳买房结婚扎根下来。

深圳的物价也越来越高，生活成本居高不下，后来这个亲戚只能辗转到内地的工厂里继续打工，虽然生活成本降了下来，但是收入也是锐减。现在过年回去的时候已经不经常看到他了，他的父母也不会提起他了，我们问起来的时候也都是支支吾吾敷衍过去。遇到还在上学的晚辈，他们也不再宣扬读书无用论了，而是说要像谁谁谁学习，去出国留学。

4

虽然三个故事各有不同，没有什么关联，但是我相信大家都能明白我说的道理。其实没有谁会一辈子幸运，有时候因为家庭、机遇获得了一时的幸运，但是如果不是自己靠本事获得的，或者本不属于自己的东西，自己也没有本事维持下去的时候，那么终将有一天这份幸运会离你而去，甚至会在离去你的同时把你打回原形。

这就是生活，不必羡慕别人，自己脚踏实地才是正道，因为人生该走的弯路，一米都少不了。

你的方向，不要被别人的光芒影响

生活中，我们总是因为看到别人太耀眼的光芒，而忘了自己身上的光亮，在怀疑犹豫中看不清自己曾经认定的前方。

就像会车时，对方开了远光灯，你顿时两眼一抹白，什么也看不清。可是过一会儿，你还是能看到前方的路。或者这个比喻不够恰当，但道理是相通的，当你看到别人锋芒毕露，闪闪发光时，不要妄自菲薄或盲目对比，也许你们走的压根就不是一个方向一条路。

在这种时候，你应该做的不是羡慕别人的闪耀，也不是独自黯然神伤，而是更加用力地看清自己的方向。

1

这两天陪朋友来杭州参加他同学的婚礼暨同学会。因为大学时候经常参加他们班的集体活动，很多人也都认识，也想趁端午假期去看看西湖美景。

同学聚会，一见面总还是要聊聊现在的近况：工作、房子、车子、女朋友、结婚、孩子……能聊的都逃不过这些。因为总不能老聊以前上学那会儿犯傻的事吧。

强子是朋友在大学关系不错的哥们儿，毕业后进入同一家央企，一年后两人又同去北京总部轮岗，在北京轮岗的半年，强子抓住机会跳槽到一家金融公司做业务，从此留在北京。而我的朋友提前回来继续待在原公司。两年多过去了，强子现在年薪三十四万，年终奖都是十几万打底，年薪和我朋友上司的上司相当。强子正在相亲，想找个北京妞，打算在好点的地段买套60多平米的房子。

和强子聊完，我朋友心中不淡定了，很郁闷，跟强子相比，工资都不再是一个量级了。朋友觉得自己好穷，还完房贷车贷付完房租就只剩饿不死了。

我说，这么比有意义吗？一个在北京发展，一个在二线城市，本身工资水平就不同。当初强子选择留在北京的时候，你清楚地知道自己要回去走另一条路，现在你有房有车还马上有老婆，不是很幸福嘛。一切不都在按照自己的节奏进行着，为何要因他人发展得更好而郁闷呢？

你只看到别人年薪二三十万，但你知道别人为此付出过多少辛劳？何况每个人的特质不同，适合的方向和抓得住的机遇也不同。强子上大学那会儿就表现出很强的沟通能力，很会人际交往，喜欢涉猎各类文史科普，所以跟任何人都能聊得来。他能去金融行业做业务，跟这些特质和积累不无关系。而我的这位朋友，并不适合做业务。

所以，当看到别人比自己取得更大成功的时候，你难免会受刺激，但不是羡慕他人、菲薄自己的刺激，而是从中获得启发和鼓舞，更加努力地走好自己的路。要知道，那是你的人生，别人的路再好也未必是你要走的。

2

我有个朋友，在一家小有名气的摄影机构做首席摄影师。前段时间无意间看到了一篇关于高中前女友的专访。曾经被分手的一个平凡女生，现在已经成为三个月创造 100 多万销售额的"90 后"创业女神，并在很多场合出席演讲，她的服装工作室越做越好，加盟店也在全国各地开花。

为此，我这个朋友心情很低落。想到当初分手的时候，自己踌躇满志，对方苦苦挽留……现如今对方已经取得如此成就，而自己却还是一个小小摄影师。虽然有过无数次创业的想法，却始终未能变成行动。他问我，我是不是也应该出来开个摄影工作室？

我没有回答他，因为这是他自己的事，想要的答案，他应该比谁都清楚。但我送了他那句话，是继续做摄影师，还是创业开工作室，你要问的不是我，而是你自己的心。无论你得出怎样的答案，只要不是因为他人的成功和光芒刺痛了自己而非要怎样，都好。

没有谁的人生可以复制，也没有谁的人生只有一个版本。你从别人身上看到了无限可能，你有理由相信自己也无限可能，但未必是和别人一样的可能。找到属于自己的可能才是一切可能的开始。

3

如果说上面两个故事多少带点负能量，那我表弟的故事就在悲壮中迸发出正能量。

先看看他这一路的坎坷：因为选择了读研，很爱的女朋友不愿意等，和他分了手。结果他考研失败，又错过了求职黄金期，找了个普通工作。空窗了两年终于谈了个聊得来的女朋友，但因为在 S 城没法全款买房（房价太高，不想让父母负担太重），分手了。而在此之前，他也因为公司内部变革，把工作辞了。

现在，表弟离开了 S 城，回了老家，听从家人的安排在当地一家不错的企业上班，一切从头开始。而他从小玩到大，同年毕业的哥们儿已经在 S 城有房有车有女友有存款了。但表弟说，他不后悔，反而更加坚定了接下来要走的路。

我相信，表弟肯定也因为和哥们儿的巨大差距而失落过，甚至觉得没面子。但在面对各种不顺时，他都能做出自己内心的选择，并坚强踏实地走下去，这点我认为就很了不起。

每个人的人生都有自己的意义。看起来表弟好比他哥们儿落后了很多，现在什么都没有，还要从头开始。但你能说他考研的经历，恋爱的经历，工作的经历都是浪费吗？表弟家境殷实，一开始不愿意接受家里的安排和帮助，执意要靠自己在S城立足，最后虽然结局并不如意，但至少他去试了，如果重来一次，他还是会选择这样走。

人生的路，没有白走的。走之前，谁也不知道对错，也根本没有对错，要不要掉头或转弯，要走下去才知道啊。

4

生活中我们难免会有这样的心理，看到别人在社交平台上的状态更新，越美好心里就越不平静。太过关注别人的动态，会打乱自己的步调，有时被外界刺激，一晚上内心不说是翻江倒海，至少也是微澜频起。我总安慰自己"不以物喜，不以己悲"，要坚守你的心。

你的人生不是为了衬托别人的闪耀，你的努力也不是为了遮盖别人的光芒。

要知道，你总有自己的生活，跑到别人的轨道上的火车，永远到不了你想去的目的地。

你要相信，每个人的人生都无法复制，别人的光芒既照不亮你的前方，也抹不掉你身上的光。别人的人生能给你的只有启发和思考，你需要的不是效仿，而是更用力地看清自己的前方。

只要坚持往前走，别人的光芒终究只是你路上的风景与背景。

只要走得足够远，再耀眼的光芒都将甩在你身后，或许在别人眼里，你留下的也是一个万丈光芒的背影。但你知道，那又如何？

前提是，你得能听到自己内心的声音，深知自己想要的。

我不想
活在你们的
期望里

1

寝室有一师兄，是药学院的博士，前段时间看到他发的一条朋友圈，挺感慨，觉得我们活在这个世上，很多时候都极想活成别人眼中最好的样子，不断苦撑，渐行渐远间丢失了最初的自己。

师兄发的状态是这样的："这么多年来，一直都按照父母的意愿前行着，从高中到大学，从大学到博士，完全按照他们预定的轨迹在行走，很庆幸一路顺风，也很痛苦终于弄丢了自己。其实想想，自己哪有这方面的天赋，全靠一个人的苦撑，真的太累了，想要停下来好好想想以后的日子。你好，未来。"

刚看到这条状态的时候，很惊讶。以前经常跟师兄在寝室闲聊，知道他是被直接保送的博士，还是学校比较出名的药学院的博士，可谓前途无可限量，一直都很崇拜他，也将他作为自己的标杆。

前段时间，师兄越来越晚回寝室，常常忙到夜里一两点，早上7点多又走了。他说他们正在测试一项重要的实验，也是他论文的主题。

学医学药的确实苦，做不完的研究，熬不完的通宵，每一天都在高强度的压力下生活着。也许外人只看到他们光芒万丈的一面，却根本不了解背后的苦酸。

人都是这样，拼了命地变好，也不过是想赢得众生前一个仰望的角度。你说世俗嘛，可这就是生活。

2

后来，师兄他们的实验失败了，大半年的心血付诸东流，论文也没了着落，天空整片整片的黑。

看了师兄的状态，回到寝室也跟他谈了很多。他说，他真的太累了，这几年仿佛心都苍老了，为了能够拿到保送的资格，没日没夜地复习，所有的假期都是在图书馆里度过，最后为了复试，两天都没睡觉。现在读了博士，压力不减反增，导师期待的目光，爸妈殷切的愿望，还有无数朋友眼中那个学霸无敌的自己，每天的空气都是滞重的。

这么多年，他一直都在为实现父母的愿望而奋斗，他知道父母一直想他学医药学，然后出人头地，争取当个教授。他的一生还很长，他才26岁，但他的一生也很短，早早被人竖好了站牌，不到站不停车。

这次的实验失败对师兄打击很大，也让他能够真正地静下来去思考自己的人生。他说不想再那么痛苦地强撑，也不必给自己如此大的压力，他要开始重新规划未来的道路。

那天，师兄在寝室打了一个很长的电话，只言片语中了解到是在跟他父母通话，其中一句重重的"对不起，让你们失望了"，清晰地传到耳边。第二天，师兄迟到了，第一次比我起得更迟。

看到酣睡中的他，离开时，我轻轻地关上了门。

3

我觉得师兄是一个特别勇敢的人。有多少人能够正视自己，有多少人能够舍弃掉那看起来风光无限的未来。其实，真正能够阻挡我们的从来只有自己。

我的一个女性朋友，家里殷实，父母就想她大学毕业后早早回去，参加他们安排好的相亲。在父母眼里，觉得她混个大学毕业就好了，找个条件不错的老公，以后的日子衣食无忧，便是极佳。可这位朋友却喜欢上了一个普普通通的男生，他俩打算毕业后去同一个城市奋斗，靠着彼此的努力，闯出一片美好的未来。

当时，朋友的父母赶到两人租的小屋里，看到如此艰苦的条件，顿时炸了锅，拉扯着朋友，一定要她跟他们回去。最后，他们终究没说服朋友，丢下狠话，要断绝父女母女关系。

那段时间，朋友确实生活得很艰辛，没有家里的帮助，她和男生每天努力地工作，交房租谋生计，一切看起来惨淡无比。而父母的恼怒也让朋友感到很愧疚，毕竟父母生养爱护了自己那么多年，没有好好孝顺他们，还让他们如此动气，真是不孝。

终究苦日子会过去，两人的奋斗也有了好的回报，生活越来越好。有一天，朋友晒了张怀孕的报告单，照片里她和男生笑着牵着手，简单地幸福着。虽然没有嫁给条件更好的男人，但至少这个男生是爱着自己的女儿的，朋友的父母最终也妥协了。

4

我相信很多人都是这样地生活着，从小就争当父母眼中的乖宝宝，听话，好好学习，然后渐渐成长，便随着家长的意愿报考那所谓很吃香的专业，报考公务员，去考研，去出国，一切都活成在他们眼中很好的样子。

除了父母，我们也在意着朋友眼中的自己是什么模样。有时候追名逐利，不是自己有多渴求，只是想能够在别人眼中不被轻视，能够融入世俗社会的大圈子。这样的我们太累了。

有时候，我们需要多一点的勇气，去勇敢地承认自己的不足，去勇敢地挣脱外界的束缚，去勇敢地追求心目中的自己。是呀，我确实没有他们好；是呀，我本来就是个笨小孩；是呀，这样的我确实没多大出息。抱歉，这样的我可能让你们失望了，没有活成你们眼中最好的样子，对不起。

但，至少我没让自己失望，没有辜负自己。我也许没能成为世俗眼中最好的样子，但我活出了最好的自己，谁又能说这不是一种伟大呢？

那些关心我、爱护我、期待我变好的人，我一直在拼了命地努力。不必多高看，也无须多贬低，我们总会有绽放的瞬间，即使全世界都没看见。

在自己的世界里，发出刚刚好的光

余生漫漫，能和值得珍爱的人共度，是福气；若只能一个人独享，也不会有什么遗憾。

1

第一年。

在结束了一段很多年的感情后，她第一次来到这座城市。一个人，拖着巨大的旅行箱，在街边走到鞋子坏掉，像一只狼狈的蜗牛，一点一点地挪动壳和身体。好在城市足够大，人海汹涌，车马喧嚣，没有谁会凭空关注你，把一个人全部的悲喜砸进去，也溅不起一丝水花。

南方城市的春天，湿气极重，仿佛每一寸空气都有了重量，压得人透不过气来。在这寸土寸金的地方，她的容身之处是一间没有窗户的小屋子，一张床，就是全部的家具。墙上一把老旧的换气扇，也只是吝啬地从风叶间，泄露秘密一样地，透出一两道光线。

每天清晨，为了能够稍微从容一些地使用公共卫生间，她需要很早就起床，然后乘坐第一班公交，穿越小半个城市，去某座摩天大楼里上班。因为没有相关行业的工作经验，她只得从实习生做起，薪水很微薄，但勉强能养活自己，还不算太糟。

她工作很努力，经常加班到很晚。有一天下班前，领导表扬了她。走在霓虹闪烁的街头，回首看着公司大楼时，她突然感觉，这座城市也不是那么冷酷得不近人情。回家的路上，遇到花店正在打折，她给自己买了一束康乃馨，插在床头，清淡的香气很快溢满了整间屋子。

只是，关节炎的症状在加重。或许跟地域环境有关，整个春季的深夜，她的膝盖都在疼。就像蛰伏在身体里的小虫子都苏醒了，它们在骨头里拱来拱去，偷偷摸摸地撕咬啃噬，让人不得安宁。每当那样的时刻，她都特别想把膝盖骨拧开，就像拧瓶盖似的，看看里面的零件有没有缺斤少两，或者干脆往里面倒杀虫剂。

不像在原来的城市，同样的病症，不一样的痛感——之前的疼痛，偶尔发作，却是沉钝的，像石头或铅灌进身体里，笨而重；而在这座季风性气候的城市，疼痛则变成了一种"动物型"的，狡黠得很，真是难以对付。

其实比关节炎更难以对付的，是那些扑面而来的往事。有人说爱情是个"前人种树，后人乘凉"的事情，不经意间，她竟也成了那个种树的人。

原以为，自己会寻死觅活地对待——毕竟是那样掏心掏肺地爱过，山盟海誓、百转千回到只差一纸婚书的感情，从大学，到就业，七年的感情，岂能甘心拱手让人？

但是没有。在决定离开的那刻，她就清醒了。人心，变了就是变了，你付出再多努力又如何？爱情是这世间唯一不可靠打拼得来的事物。

好在工作可以。很多时候，她都觉得自己像一个孤注一掷的赌徒，坐在生活的对面，红了眼地想赢回一些爱情之外的东西，而她的筹码，就是一颗年轻无畏的心。

2

第二年。

她加了薪，还小小地升了一次职，已经租住得起带厨卫的单身公寓了。搬家的那天，正值盛夏，阳光热烈得不像话。她拖着那只巨大的旅行箱，走在街道上，头顶的法桐树树叶遮天蔽日的，浓稠的绿意把天空映衬得格外透明。

新的住所里有一张书桌，放在玻璃窗前，淡紫色的窗帘堆在上面，像一团柔和的云。窗外有一株高大的香樟，细碎的枝丫间结满了苍翠的小果子。

不用加班的周末，她会一点一点地往小窝里添置家什和物件。

比如书籍，一本一本地码在书桌上，可以陪伴她很多夜晚；一些粗陶的花盆，是她从二手市场淘回来的，可以种植多肉；还有一个大大的枕头熊，憨头憨脑的样子，跟它倾诉再多的心里话，它也不会告诉别人。

工作依旧很忙碌，跟客户交涉，整理资料，做企划案，一切都要做到更好。经常下班时已是夜深，同事所剩无几，她在电脑面前起身，腰酸背疼地站在空旷的办公楼层里，俯瞰这座金粉奢靡的城市——川流不息的街道，彻夜不眠的霓虹，每天都有那么多的人怀着一腔热血，勇敢地寻梦而来，每天也都有那么多的人在残酷现实的打击下默默铩羽而归。

有时，她也忍不住问自己，这样拼命工作是为了什么。是为了内心的骄傲而去争那一口爱情之余的气吗？或许是，或许又不是。毕竟人活着，最终还是为了自己。

每天，乘坐早班地铁去上班，穿越密林一般的人群，世相百态，尽收眼底。与之擦肩的每一个人，口袋里都装着故事，那些故事汇集成了城市的表情，于是，在与其对视的时候，便不会显得那么苍白无依。整装待发的上班族，拿着手机哼唱的少年，满脸皱纹的流浪者，目光如炬的背包客，还有拥抱着在一起的小年轻——他们肆无忌惮地拥抱、抚摸，女孩子涂着猩红的唇彩，在男生的脖颈处留下吻痕。

082

她想起自己的学生年代，爱情大过天的年纪，怎么炫耀都嫌不够。

那个时候，她会穿着打折的裙子，牵着喜欢的人招摇过市，放声歌唱，柔声念诗，笑起来就像只幸福的小母鸡——"你来人间一趟，你要看看太阳，你要和你的心上人，一起走在大街上……"

那个时候，如果有梦想，那也不过是，毕业后去他的老家。那里有绵长的边境线，有大片的薰衣草花田；那里的阳光很充足，姑娘很貌美，小伙子的眼神深邃又柔情。然后，她要给他生一大串孩子，天气一好，就系着花头巾，带着一窝小崽子出来，站在墙根美美地晒太阳。身后的牛羊很肥，花草正香……

那个时候，他会紧紧揽住她的腰，细致地吻她。头顶艳阳如火，她闭上眼睛，能听到骨头里水声澎湃。

那个时候，爱恋正浓，生死无惧。

而如今，站在熙熙攘攘的城市街头，阳光普照，仿佛置身于宇宙中央。时间流转，每个人都是一颗星辰，有的灿亮，有的晦暗，有的硕大如天灯，有的渺小如微尘。她会饶有兴致地想：自己是哪一颗星呢？

至于那些原以为会一辈子刻骨铭心的爱，以为稍一牵扯便会伤筋动骨的回忆，隔了经年再想起，却已经是很遥远的事情。

自己才是
最好的品牌

十年前我刚开始工作的时候，最常听到的话是："这批年轻人真是不行啊！""真是一代不如一代。""'80后'既自私又叛逆。""我们那一代人第一天上班都是从擦桌子开始的，你们已经够幸福的了"。

等到了这一代，我去高校做讲座，才刚刚大一大二的他们已经陷入了焦虑，"已经有同学创业融资了。""不混社群，以后找不到好工作。""既不能拼爹，也不能拼颜值，以后怎么办？"

每一代的年轻人遭遇的时代既相同，又不同。不同的是，时代要求的个人素质不一样，发展方向不一样。相同的是，当你走出校门，扑面而来的都是挫败感，都是不公平。

1

最近看到一个台湾的视频，做了一个有趣的试验——把几份求职简历，同时递给台湾企业界的各位大佬，为了公平起见，他们是看不到求职者姓名的，只能看到他们的履历。

第一份求职简历A先生，被大佬们公认"成绩好，学历漂亮"。

但是，没有工作经验，被全员否决。

"这实在不是一份好履历。"

"我不会用他。"

"最大的弱点就是没有工作经验。"

第二份求职简历B先生，干过洗车员、面包学徒、菜市场学徒，却只有中学学历，再次被集体否决。

"他的学历没有竞争力。"

"这样的人，都不喜欢。"

"第一瞬间基本上，就刷掉了。"

第三位求职者C，每个大佬拿到的简历都不同，但是每一个都把"C"否决了。

"这份简历很普通，29岁才工作不到一年。"

"他每份工作，都是工作一个月。"

"三万二（新台币）偏高，她才刚毕业。"

试验的最后，是大佬们把遮住名字的贴纸撕掉，他们的表情充满了惊讶、震惊，最后是愧疚、惭愧。

被吐槽"学历好但没工作经验"的A先生，其实是导演李安。他有一个漂亮的学历，但和电影无关的工作都不想做，宁愿当家庭煮夫，一直到33岁之前都没有什么工作经验，直到36岁才开始真正拍电影。

被诟病"打工无数但学历低"的 B 先生，是台湾著名的面包师傅吴宝春，因为从小家境不好，他只念了中专，为了养活家人，各工种都做过。可是现在，他的面包店开遍全台湾。

A 和 B 的真实身份已经够惊人了，但 C 的身份不只是惊人，因为每一个都是大佬们身边亲密的人。

被嫌弃"简历普通，29 岁才工作一年"的 C，其实是一位大佬自己最好的兄弟。

"一个月换一份工作"的 C，是一位大佬自己从小看到大的朋友家小孩。而"刚毕业，就要求薪资三万二新台币"的，竟然是一位大佬自己家的女儿！

沉默后的大佬们纷纷表示，自己已经陷入经验主义里，太容易去给一个年轻人贴标签，丝毫没有意识到—— 一个好生生的人，不是一个简历可以完全呈现的。而身居要职的他们，很可能因为他们的傲慢、轻视、冷漠，就轻易毁掉了一个年轻人对自己的信心。

但这最后的惭愧，又能唤起多少人的同理心呢？又能让多少年轻人真正意识到，不是社会对你不公平，而是你对自己太随便。

2

每个人都年轻过，我 20 岁的时候做第一份工作，一样被骂，一样每天加班。但我被骂得心服口服，因为我的确不够优秀，即使再努力，也还是连入门级别都达不到。

这种被骂纯粹就事论事，不含任何人身攻击，也不含任何轻视和鄙夷。我知道，他们骂我，是因为对我有期望、有要求，不希望我年轻时候错过了最佳成长期、蜕变期。

但前提是，那个骂你的 boss 是有真才实学、人格魅力的，是真心愿意教你的，那样你才是赚到，你才值得主动加班。没有这些，给你画再多大饼，也不值得你浪费时间。

第一，每一代年轻人刚进入社会，可能都会面临这样那样的不公平，是的，每一代。没有出身和背景，甚至没有名牌大学学历的我们，与其吐槽这种不公平，不如去决定，三五年后你要靠什么去搏一个公平。

第二，人生很长，不是一场短跑，有人一开始就领先，有的人30 岁才发力，有的人大器晚成，当然也有终生平庸。但聪明的人都知道，你才是值得自己奋斗终生的品牌。一切积累都不会白费。

第三，不管你曾经做过什么，不管你现在正在做什么，不管你什么学历，再小的个体也是一个品牌。请永远记得，只有你能为自己这个品牌负责。

3

曾经我推荐一个大学没毕业的朋友，去给我一个总编朋友当助理。他说，别人不会要我的吧，我现在只是一个电话销售员。

我跟他说，不要废话，把简历丢给我，我来帮你改。打开他的简历，果然全是视频里那种会被大佬否定的内容。

我问他，你为什么没有提你的文字功底很好，你为什么不说你有大量的阅读积累，你为什么不说你用一首诗追到了一个姑娘。

他沉默了一会儿说，我会好好改简历，我会飞过去面试。

八年后，他现在是一个估值过亿公司的高层。

年轻人，可能这世界的确欠你一个公平。可活到今天，也有许多人在我身后指着我说——这世界不公平，凭什么她得到那么多？

我觉得，那是因为我流过的汗水比泪水更多，也因为我永远对帮过我的人心存感激。因为这份感激，所以要把他们当年教给我的东西好好拿来战斗。因为感恩，所以要活得比他们更牛！

生活不容易，
才要更努力

请给不容易的自己一些时间，

给我们

一场体面的生活

多积攒一些力量。

生活不容易，才要更努力

如果你选择了摘星星的路，那注定会有太多太多的不容易。

1

我学妹前天跟我说，她最近去过一次酒吧，看到了一个年级小小的姑娘在一群色狼中间周旋，明显能看得出那姑娘不愿意，可还是堆着满脸的笑容，她喝了很多酒，每喝一杯酒，男人就往她低胸的领口塞人民币。

后来她去洗手间的时候，看到那姑娘蹲在马桶旁边吐边哭，她看着心酸，实在忍不住上前拍了拍姑娘的背。

学妹说，看到这一幕，她觉得生活真不容易。我没有亲眼看见，却也让我挺感慨的。

2

十年前，我家还住在一个不足 30 平方米的房子里，没有所谓的客厅，我就睡在一家人吃饭的小饭桌旁一张一米宽的小床上。

那是一个不通透的房子，夏天真的生不如死。小小的电风扇根本不顶用，我睡不着觉，会起身打开书包拿出练习册，把不会的题再做一遍。我爸妈看见我开了灯，就走出来，一家人坐在那张又是饭桌又是书桌的小桌子前，一言不发。

过了一会儿，我妈说别做了，明天一早还要起来上学，妈妈和爸爸给你扇扇子。我的后背已经捂出了一身痱子了，我妈几乎是强忍着眼泪说出的那句话，他们一直给我扇啊扇，直到我睡着了，他们才离开。

那个时候，我觉得生活真不容易。

后来，我去了一家住宿学校读书，每周的生活费是 50 块钱，这个生活费是和普通家庭差不多的标准，所以我吃喝并没受过一丝一毫的苦。每周回到家，那张我等会儿要俯身趴在上面做作业的小书桌上摆了好几个我爱吃的菜，有鱼有肉。我甚至有一种错觉，我们家并没有我想象中这么穷。

有一次，吃饭的时候，我爸从厨房单独端出了一碗牛肉米粉，我抢着要吃，我爸说这么多菜，你干吗跟我抢。我说我就是想吃牛肉米粉嘛。他说，那下顿我去给你买，这碗上次买多了坏了。我想抢过来倒掉，我爸笑笑说，没事没事，大人吃了没事。

那个时候，我觉得生活真不容易。

3

一转很多年过去，我上了大学，除了基本的生活费，想要给自己添置新衣服、去旅行或者吃大餐就只能靠自己了，所以我想尽一切办法打工。

有一次学长介绍了一个一天100块，但要穿着人偶一整天派单的活。因为是夏天，所以其他同学都不愿意去，我说我去，闷两天抵四天，划算。

但派单的地点离学校挺远，下午派完已经回不去了，只好找了一个十块钱一个铺位的小旅店。那床单又脏又难闻，带着发霉的味道让我辗转反侧，我只能摸一摸刚赚的那100块，找一点心理安慰。

我旁边的床位，有个妈妈的孩子在哇哇大哭，他把屎拉在了床上。这个妈妈一边咳嗽一边紧张地清理着床单，口中还嘀咕着：哎呀，要是让我们赔可怎么好啊，今晚上怎么睡啊。那天晚上，她还是在那个脏床单上睡了一夜。

第二天大家还在熟睡，她就带着孩子走了，我眯缝着眼睛看着这一切，猜测她恐怕是担心天亮了，被旅店的人看到会让她多给钱。

那个时候，我觉得生活真不容易。

4

小时候，我一直盼着长大。在我的意识里，只要长大了，我就能赚钱了。只要赚钱了，我就能给爸妈买一个有空调的大房子，我就能买最新一期的杂志，我就能给自己买一条花裙子。

我以为长大了，生活就不会这么不容易了。

刚大学毕业那会儿，一时间没找到合适的工作，为了果腹，我曾在一家星级酒店兼职做过客房服务员。有一次住客打电话呼叫服务员，我就去了，他问我有没有特殊服务，我说我只是一个客房服务员，不懂这些。他色眯眯地盯着我说：小姑娘你做不做？多少钱？我居然想问，他能给多少钱？因为我快交不上房租了。我也被自己的想法吓了一跳，当然最后我并没有问，而是仓皇而逃。

后来我又遇到了一个男人，是毕业后去的第一家广告公司面对的甲方客户。他对我各种暗示、挑逗，我不敢过多吭声，只是简短地回应着。他约我吃西餐，我明知道这个男人其心不正，我居然想答应，因为我吃了快一个月的老干妈配白米饭了，我多想能吃上一顿肉。

我没想到长大了，生活变得更不容易了。

我的另一半，我好像从来没在文章里提及过。他爸爸六年前胃癌花光了本就不富裕的家里所有的积蓄，所以两个穷孩了要想过得好一些，没有别的指望，只有靠自己。

我们聚少离多，异地几年，为的是早日能有一个自己的家，如果你们尝试过这样的异地恋也许能理解，期间我们有过几次闹分手的经历，还好我们现在还在一起。终于买了房买了车，眼看着就苦尽甘来了，我希望他不要在大山里修高速公路，我们不要再异地。

可他爸爸又病倒了，每个月都要花一两万治疗费。我们只好把他回来的计划又搁置了，我连几十块一篇的软文都接，每天每夜都熬到很晚才睡觉，有些人说你真是掉钱眼里了，我从没向外人道过这些。

5

现在我已是奔三的年纪了，这么些年，经历的这一切，让我明白了生活在哪里都是不易的。但凡你有那么一丁点野心要去够那些你现在能力还够不着的东西，你都会觉得生活很不容易，所有你会遇到的阻力都是生活的不容易。

现在每当有人羡慕地对我说，你真厉害啊，靠自己能买房买车。我都会感谢这些有时候看起来特别糟糕特别让人绝望的不容易。

正是因为我明白了不容易才是生活的原色，我才更有力量与勇气去跟生活抗争，我觉得这是我今天所有取得一点点微不足道的小成绩的原因。

就如同我最喜欢的作家之一刘瑜说的那样，有时候，人所需要的是真正的绝望。真正的绝望跟痛苦、悲伤没有什么关系。它让人心平气和，它让你谦卑，它让你只能返回自己的内心。

绝望不是气馁，它只是"命运的归命运，自己的归自己"这样一种实事求是的态度。

我知道在我出生之时，命运没有送给我一对可以一飞冲天的翅膀，可我仍有翱翔的梦想，仍有想摘下一颗璀璨星星的野心。我记得生活的那些不容易，所以永远都不敢放弃努力。不止为了自己，还有那些为我分担过不容易的人，比如父母。

苦难真的一点儿都不值得歌颂，可我想给每一个遇到过不容易的你们说一句：请给不容易的自己一些时间，给我们一场体面的生活多积攒一些力量。

如果你选择了摘星星的那条路，那注定会有太多太多的不容易。直到你能打败那些曾经让你耻辱过、绝望过的不容易，未来你才有机会摘星辰。

你的强大，是对看不起你的人的最大反驳

世界上有一种人，叫作"优越狗"。他们总是认为自己比周围的人强，比他们牛，戴着有色眼镜去探视芸芸众生，甚至俯视。

而这种优越感爆棚的人几乎都没有什么成就，五十步笑百步，身边多数也没有真心的朋友。

有些人承受着别人的看不起，把所有对于命运的不甘以及对于生活的种种渴望化作前行的动力。有个词叫忍辱负重，拿出勇气去承受生活中的委屈和别人指指点点的语气。

当然，也有些人在别人的看不起中早早地夭折，即使心怀梦想，也逐渐成为一种奢望。

毕竟，不是每个人都有韩信的胸怀。

但我们可以努力成为像韩信一样的人，这么说不是让你闲来无事去承受别人对你的指指点点和看不起。有能力可以规避掉这样的事情固然是好事。

但当我们没有足够强大，而又不得不面对着生活中诸如此类的事情的时候，就应该在长长的时间里选择忍受，选择把委屈化作前

行的动力。

天蚕土豆的《斗破苍穹》中有一句话，"三十年河东三十年河西，莫欺少年穷。"这句话也成为萧炎最终称霸斗气大陆的关键。凭借着不屈的意志和永不放弃的精神，一次次把嘲笑他的人踩在脚下，逐步成为翱翔天地的雄鹰。

或许每个人都会经历被人看不起的时候，有的人茁壮成长，有的人顺风投降。

成长的路上不怕遇到坎坎坷坷，最怕自暴自弃。

被他人看不起并不可怕，可怕的是你自己看不起你自己。

1

我的大学室友 L 是一个特别开朗的男生。与其说是特别开朗，不如说他特别能说会道。即使毫不相干的陌生人他也能十分钟和人聊到前世今生。

刚升入大学，第一次我们一起出去吃饭唱歌。他的热情让我这个向来内向的人有点难以接受，我只能嗯嗯啊啊的应付他。

大一的时候他是我们班的班长，大二的时候是学生会的部长，大三的时候已经成了院学生会的部长。

我们院里所有的活动几乎全是经自他的手，后来别的院系再举办活动都邀请他去给人设计舞美。

我曾经和他开玩笑，咱们宿舍就靠你的这张嘴打天下了。

我一直以为他的能说会道、善于交际的本领是天生的。他摇摇头告诉我，他有现在的改变只因为曾经被人看不起，说简单点，就是因为别人的一句话。曾经的他也是一个内向的人，见了人都不敢大声和别人说话。

那时候的他利用假期时间在一家婚庆公司里做场务的工作，帮人铺设场地，收拾东西。

有一次喜宴过后，他收拾红地毯，旁边的一位阿姨带着孩子从他的身旁走过，指着 L 对孩子说，"你以后一定要好好学习，不然以后就像他一样做下人的工作。"

L 说，那个时候的他很想要站起来给她一巴掌，但长久以来自卑懦弱的性格让他没有抬起手的勇气。说这话的人他认识，但是她并不认识他。

从那天以后 L 立志要做出改变。

你经历了长久一成不变的生活，一根稻草就可以让你的生活天翻地覆。

那天 L 回去以后，像谢文东一样站在镜子前对自己说，需要改变，以后不要被人看不起。区别是谢文东有刀，而他没有。

L 学着在人群面前说话，学着与众人交流，每天告诉自己，如果你不努力，你就会沦为被人看不起的对象，永远的被别人踩在脚下。

幸运的是 L 遇到一次契机。有次婚礼因为主持人迟迟未到，现场焦急万分的时候 L 说让我试试吧。

于是在全场人惊讶无比中 L 主持了人生中的第一场婚礼。

从那次以后，L 的人生发生了转折，开始主持婚礼，主持同学会，主持着各种晚会。

L 变得能说会道，变得善于交际，变成一个与以前完完全全相反的一个人。

L 的改变多亏那一次的被人看不起，可以说那是促使 L 改变的最后一根稻草，像是格里菲斯的最后一分钟营救。使 L 的人生产生 360° 的惊天逆转。

有时候被人看不起并不一定全是坏事，就看你是否愿意改变现在的生活，把怨力化为动力。

2

现在的 L 在家乡小城利用自己的人脉做美食综艺自媒体，虽然刚刚起步，但也做得有声有色。

昨天 L 还给我发来了他做的节目的视频，请的小城里新闻节目的主持人，节目的播放量也呈增长趋势，大有一步步迈向小城第一家自媒体的趋势。

如果 L 当初选择了自暴自弃，选择宁愿憋屈着承受也不愿尝试着向前方迈出一步，结局肯定是沦为永远被人看不起的对象。

更如果他自己也看不起自己，最好的结局应该就是在如湖水的生活里将错就错地继续下去吧。

每个人都有选择生活的权利，无论哪种，平庸或得意，高兴或悲哀，看不起或更牛，最为重要的莫过于不要自己看不起自己。

L 能够一步步走到今天，是因为他拿得出勇气，做得到改变，看得起自己，能够坚持下去。

而那位当初看不起 L 的那位阿姨，听 L 说还是每天疲于奔命，为了便宜几毛钱和人争得面红耳赤。最可笑的莫过于当 L 在小城里有了名气以后，请 L 去主持一场寿宴，被 L 果断地回绝掉。

只有你自己能看得起自己，你才能够拥有一路向前的勇气。

3

当那些比你牛的人看不起你的时候，不要急于争辩。因为你根本没有发出自己心声的实力。

只有你能够看得起自己，不满足每天的现状，为了成为更加牛的存在而努力，就一定有化茧成蝶的那天。

"看不起"是一把双刃剑，可能让你牛，也可能让你傻。

生活对于每个人的摧残都是等价的，想要得到多大荣誉就要承受多大委屈。

你是谁并不重要，重要的是你想要成为未来独一无二的谁。

少年，当你没有足够的实力的时候，收起你那些所谓的委屈和不甘吧，只有你站到金字塔顶尖的时候你才能够拥有话语权，在这之前把别人的看不起全化作向前的动力吧。

因为你的强大就是对于那些看不起你的人最大的反驳，最响亮的巴掌。

最后送给大家一句，三十年河东三十年河西，莫欺少年穷。

你的勤奋刻苦，上天会看见

2016年12月24日，2017年研究生考试第一天。不管怎样，小女儿总算进了考场了，心里一块巨石，总算落地了。可巧去学画画的路上，手机突然有短信，赶紧打开，原来是联通公司，通知我话费不多了，还以为是小女真的弃考了。

就昨天晚上，天已经黑了，再过十几个小时就要进考场了，小女儿还在打退堂鼓。明显的考前焦虑症，做什么都不会，背什么都记不住。可是，在向我哭诉了一阵之后，小女依然坚持去自习，一直到晚上10点多才从自习室回来。

一年来，小女儿去上自习，连手机都不带。在我们蹲马桶都离不开手机的时候，她能做到这样，要有多大的决心和毅力呢！

我不知道，一个人要有多努力，才能让自己不失望；我也不知道，一个人要有多大的勇气，心理才能经得起这样的起伏和煎熬。但我相信，一个人所有的努力和付出，没有一点会白白浪费。

下午，我一个人坐在朦胧的阳光里，想着小女儿一会儿又进考场，心里七上八下的，怎么都坐不住。不想看书，不想看电视，不想听音乐，也不想出门。只想默默地，给女儿传递哪怕一点点的心理支持。于是，我开始静坐，向我知道的所有的神灵祈祷。很快我便释然了，上天从来都不会辜负任何一个勤奋刻苦的人，何况我已经这么出色的小女儿。

我勤奋刻苦的小女儿，这一年被折磨得几近疯狂，就昨天晚上还在不停地读英语、背政治。状态好的时候，她如饥似渴，状态不好的时候，她也怀疑自己，也打退堂鼓，也歇斯底里地发疯。但每次都是发泄一下，又赶紧去自习。

有时候我也想，为什么我的女儿活得这么累，人家没考上大学的孩子，不一样活得好好的吗？可是我女儿不甘心，她拼命地要求上进，拼命地喜欢北京对外经贸大学。

一个人这么努力，到底为了什么？是为了父母，还是为了自己？是为了换取成功，还是为了超越过去？是为了改变命运，还是为了挑战生命？

我问过我女儿，她说都是，又都不完全是。有时候这么努力，就是因为不甘心！不甘心自己就这么，开始了自己波澜不惊的一生。她说有时候觉得，人生就是爬山，当你达到一个高度的时候，你总想试一试，看看自己还能不能攀上更高的高峰。

那天和朋友一起吃饭，他三个儿子都没上大学，都已经成家立业了，而且他的大儿子，不但自己在济南买了房子买了车，还把最小的弟弟也带到济南去了。

儿子没上过大学，我这朋友又没有万贯家财，他儿子凭什么在济南买房买车呢？

他说，当初他儿子没什么本事，也只能出去打工。在南方一个工厂做电焊工，遇到一个女电焊师。那女电焊师特别牛，她闭着眼睛焊接的东西，你都摸不出哪儿是焊口。

他儿子不服气，她一个女人家能做到的事情，我肯定也能做得到。于是，为了让女电焊师收他做徒弟，只要那个女电焊师来上班，他儿子就不离她左右。终于，经不起他儿子的软缠硬磨，那个女电焊师收他儿子做了徒弟。

然后，那个女电焊师说：电焊是有技巧，但最好的技巧就是永远不讨巧。练得多了技术就好了，就这么简单。从此，他儿子就开始了自己的疯狂训练。电焊工地上，你只要肯干，就有干不完的活。为了拥有一流的电焊技术，他儿子几乎拼命了。

别人吃饭的时候他在焊接，别人睡觉的时候，他还在焊接。别人打牌玩手机的时候，他也在焊接。大家都说他傻，做再多老板也不多给钱，何苦呢！可他儿子说：我是在拿老板的东西练本事、练技巧！只要老板不反对，我就不停地焊！

结果，他不仅拥有了一流的焊接技术，还因此赢得了老板的信任，一下就从一个普通工人，做到了分厂的厂长，从而也赢得了一流的人生!

"画不要急于求成,也不要急于成名成家。人一生的精力是有限的,能集中精力在某一点上有所建树,也就不枉此生了。"这是喻继高先生说给他的学生袁传慈的,其实,这一句话,值得每一个有追求有梦想的人深思。因为,无论做什么,急于求成和投机取巧,都是成功路上的大忌。

去年,一个朋友的儿子高考,分数 420 多分。他想上学走,却又不满意他报考的那些学校。在犹豫不决的时候,他打我的电话。我就问他,你上大学是为了什么?是为了尽快把大学上完,还是为了更好地提升自己?

他当时很迷茫,我就告诉他,如果你只为上大学而上大学,随便读个学校就行。但这样做的结果就是:三年四年之后,你可能连一份像样的工作也没有。如果你想好好提升自己,那么就去复读。因为这个时候,你将就一会子就等于将就了一辈子!

他犹豫再三,还是决定去复读。

当你拥有了真正的实力,你就拥有了面对一切的勇气,你不用仰人鼻息、看人脸色,也不用畏首畏尾、小心翼翼!

北京的房价高、济南的房价高,而且还一直在涨价,但是,依然有人买得起。有实力当然不怕房价高,也不怕物价高;有实力当然不用担心娶不到老婆,不用担心孩子上不起学,也不用担心自己老无所依。

就像一篇文章上说的那样：考研也并没有那么神奇，一场考试也不会立竿见影地改变你的人生。即使考上研究生，你也不见得会比你本科毕业就工作的同学混得好。与结果相比，请更好地享受整个过程，迷茫，痛苦，无所适从，奋起直追！而且，考研远不是两天12小时的考试，更多的是一种成长，谁都无法拒绝长大，与硕士学位相比，考研过程中你学习的东西，才会真正使你受益终生。

其实我觉得，考研的过程，就是一个心理蜕变的过程，经历了这样的过程，你就拥有了面对一切的勇气。经历了这样的过程，你的世界，从此就云淡风轻。

实在忍不住又想起一则小寓言：同样的两块石头，一块因为不能忍受精雕细琢的痛苦，情愿做了庙门前的一块铺路石。另一块经受了精雕细琢的痛苦之后，成了庙里尊贵的佛像。不能忍受一时苦痛的，每天都要忍受被百千人踩踏的痛苦；忍受了一时痛苦的，每天在享受百千人的虔诚叩拜。这就是差别！

上天不会辜负任何一个勤奋刻苦的人。世界上最近的路，就是脚踏实地、全力以赴，一直向着自己目标奋进的路。

所有的努力，都会有好结果

1

看了那么多鸡汤，依然没过好自己的人生。

这是李东临死前，脑子里的最后想法。

李东今年 40 岁，上有老下有小，但在他死去的瞬间，想到的不是自己的结发妻子，不是自己正上小学的孩子，也不是满头白发的父母。

李东想到的是自己的满腔热血和再也不会实现的梦想。

李东从小就是乖孩子，从来不给父母惹麻烦，从开始上学到毕业，一直都是班里的尖子生。

少时的李东一直觉得自己很优秀，直到毕业参加工作，李东才真正明白什么是天外有天，人外有人。

不过李东从来也不气馁，因为他一直坚信，只要自己努力，就一定会得到一个好结果。

年龄越来越大，压力越来越重，实在扛不住了，李东就找个没人的地方，偷偷流下几滴眼泪，然后继续坚韧不拔地努力，始终相信努力的意义。

现在的社会，人们好像都变得很浮躁，做什么事情，都想立竿见影，见到效果，做了一段时间，没见到成效，就放弃，不再努力。

不过李东不是这样，他不管做什么，都很认真努力，虽然都40岁的人了，生活过得每天都很艰辛，依然没看到努力换来的好成果，但他依然坚持着初心。

2

今天李东去和一个客户谈合作，酒喝了不少，但一提到合作的事情，客户就推三阻四，或者把话题岔开，直到结束，合同也没谈成。

回去的路上李东有点沮丧，想到儿子的学费，李东心情更加沉重。

李东漫不经心地在路上走着，突然迎面来了一辆车，司机不知道是喝多了还是怎么回事，向着李东就撞了过来。

等李东反应过来的时候，已经晚了，汽车把李东撞出去十几米远，李东当场就死了。

死去的李东怎么都想不明白，励志鸡汤中不是都说了吗，只要自己坚韧不拔地努力，就一定会得到好的结果。

可是你不给我好结果就算了，现在还把我弄死，我儿子的学费怎么办，我父母老婆怎么办。

一直坚信努力的李东，第一次对努力产生了质疑。

我们那么拼命地努力，真的有意义么？

3

死去的李东来到天堂，他一直吵叫着要见上帝。

上帝很爽快地接见了他，没等他开口，就先和他交谈起来。

你现在一定很费解，为什么你会来到这，你是那么的努力，不是应该实现自己的梦想，然后没有一点顾虑的，想做什么就做什么？

现在你的梦想还没有实现，你的家人也需要照顾，为什么我们还是让你来到了这儿？

你的家人怎么办我们暂且先不谈，我们就先谈谈你那么努力，还没实现自己的梦想，我们为什么让你来这儿。

回答这个问题以前，我先带你去一个地方看看，你可能会更能体会到努力的意义。

李东听到上帝这么说，就决定跟着上帝看看，看上帝的葫芦里卖的到底是什么药。

4

上帝带着李东来到目的地，李东被眼前的景象惊呆了。

只见黑压压的人群，在做着各种各样的工作，就像古代的奴隶，手上脚上都戴着手铐脚镣，后面还有张牙舞爪的小鬼，在拿着鞭子指挥，一有人偷懒，就一鞭子抽过去，打得人皮开肉绽。

李东看得心惊胆战，这简直就是炼狱啊！

接着，上帝带着李东去了另外一个地方。

这个地方的人很少，不及那边的千分之一。并且这边的人，要么是在喝茶聊天，要么是在钓鱼晒暖。

每个人都显得很悠闲，不慌不忙的，脸上都洋溢着幸福的微笑。这边的小鬼也都显得很和蔼可亲，对这些人都是客气有加。

看着形成鲜明对比的两边，李东实在是不明白上帝什么意思，他向上帝投去疑惑的眼神。

5

我们刚才看的那个惨不忍睹的地方，是地狱，你也看到了，在里面，人们要服役，出苦力，不但每天吃不饱、睡不好，有时还要受到很严重的酷刑。

现在我们看到的，是天堂。在天堂，不触犯天条的情况下，你可以做任何你想做的事。这里没有压迫，没有压力，可以真正地做到随心所欲。

地狱里面都是那些在现实生活中，得过且过，没有梦想，不懂努力的意义，或者还有坏人，他们统统都要下地狱，去受他们生前没有经历过的痛苦。

天堂就不一样了，这里面的人，都是很努力，并且生前经历了很多痛苦的人。

其实我们制造出人的时候，就制定了规则，每个人都注定了要吃那么多的苦，只要吃了一定数量的苦，还依然努力，那他就一定会得到好结果。

还有些人，虽然过得不幸福，也吃了很多苦，但他们却从来不知道努力，只知道抱怨，只知道得过且过，这样的人，依然是不会得到好结果的。

可是上帝，我感觉我就很符合你说的条件，可为什么我没有得到好结果呢？

你怎么没有得到好结果啊！我们现在不是把你接到天堂来享福了么！

6

李东想了想，好像有点道理，可哪里又有点不对劲。

想了很久，李东终于想到了家人。

上帝，我现在是享福了，可我的家人怎么办啊，他们失去我这个顶梁柱，一定会很艰难的。

谁说他们失去顶梁柱了，上帝说完以后，李东面前就显现出人间的景象。

　　一个和李东长得一模一样的人，在陪着客户喝酒。喝完以后，客户很爽快地和他签订了合同。

　　回到家，他迫不及待地把这个好消息告诉老婆、孩子，看着老婆、孩子兴奋的脸庞，李东流下了幸福的眼泪。

　　他终于相信，所有坚韧不拔的努力，最后都会得到好的结果。

我们努力，
究竟是
为了什么

1

高中的时候，我所在的班级是重点班，里面汇集了许多从市区和各县选拔出来的优等生。对于一个高考大省的学生而言，高中的三年可以说是学生时代最拼的三年了，但是我发现，同样是优等生，大家对学习的努力程度却完全不同。

当时我有个同班同学，大家都叫他孟主任，因为他作风老派，博学多才，智商奇高。

孟主任从不会表面上装出一副满不在乎的样子，背地里挑灯夜战，试图让同学们惊叹于自己的智商，因为他的周末真的基本上都在网吧度过，并且就算晚自习全部用来睡觉，也能够解答一直在奋笔疾书的同桌的疑问，属于真正的天才少年。

而他的同桌阿进，虽然每天都十分刻苦，甚至利用课间的十分钟休息时间埋头苦学，成绩却一直不太理想，还要经常靠孟主任指点。

孟主任不仅领悟能力极高，知识面还很广泛，经常会在和我们闲扯的时候聊到历史、哲学、宗教、文学，或者游戏、卡牌、电影、动漫，往往在他和我们滔滔不绝的时候，阿进一直在旁边默默做着习题。

印象最深的是高考前十天，全班都在进行紧张的自由复习，孟主任却有一半的时间都耗在网吧里打游戏。而当最终考试成绩揭晓的时候，他的分数居然比阿进高了 50 分。

后来阿进选择了复读。

凡是在高考大省读过高中的人，是绝对不会想要去复读的。再次走上考场的巨大压力，落后于同期同学一年的心理状态，奋笔疾书后依然毫无进步的成绩，都会把人逼疯。只有拥有极强的意志力和好胜心，能够忍耐寂寞、直面压力的人，才会选择复读。

经过一年苦读，阿进想清楚了很多事情，心境也更加平静。最终，阿进通过复读，花四年的时间完成了孟主任只用三年所取得的成绩，考上了重点大学。

我曾经问过他，为什么一定要复读？

他回答我说，因为对自己不满意，因为想去更好的大学，学到更好的知识，看到更好的风景。同时他也相信自己，可以做得更好。

2

站在今天的视角看，当年的高中和同学们多么像这个社会和处

生活不容易，才要更努力 115

于这个真实社会中的我们。

有些人家境好，从小受到精英教育，他们可以不费吹灰之力便能够凌驾于我们的多年努力之上，不仅如此，他们还了解许多我们完全没有接触过的东西，对我们感到陌生的东西谈笑风生，就像孟主任。

有些人出身卑微，从小自力更生，艰难生活，如果他们想要进步，想要提升自己的生活品质，想要过得更好，就只能通过自身有限的天赋与资源，一步一个脚印，踏踏实实地努力，付出比常人更多的努力，就像阿进。

曾经看过一篇文章，讲的是一个女生虽然很努力地工作与生活，却无论是工作还是爱情都不如她的一个同学，这个事实让她愤愤不平，郁郁寡欢。

的确，我们上的同样的高中，听的同样的课，为什么他可以上重点大学？

我们一起打过游戏，一起踢过足球，一起逃过课，为什么他可以找到好工作？

我们在同一个重点大学，我做的实习看的书不比他少，为什么他一毕业就进大企业？

因为，这个世界本来就是不公平的，从个体角度来说，家族基因、成长环境、家庭背景，都是造成人与人之间巨大差异的原因。

但如果从宏观的角度讲，这一切又是公平的。有些人能有如今的成就，是几代家族共同努力累积下来的结果。人家的上一代人，甚至上两代人拼了命才换来的优势，当然要比你一个人几年的努力取得更高的成就。

而上文提到的女生之所以会闷闷不乐，觉得自己的努力不值，是因为她没有意识到：

人之所以要努力，并不是为了和别人作比较，而是为了自己能有一个美好的前程。

而没有意识到这一点的根本原因是，她没有想过自己的目的，不知道自己为什么要努力。所以才盲目地和别人作比较，最后只能暗自神伤。

3

很多文章都谈过"努力"，但很少有人在谈"努力"之前，先明确"努力"的定义：努力指用尽力气去做事情，后来指一种做事情的积极态度。

基于这样的前提，人努力是为了什么？

不少像我一样，从小城市来，去大城市奋斗，并立志要努力留在大城市的人，都有一个共同特点，就是无法忍受回到自己的家乡生活。虽然回家之后，生活压力变小，但是没有挑战，生活乐趣也将消失殆尽。

我和小学、初中同学基本都断了联系，高中同学和大学同学，随着毕业时间越来越长，能够聊得来的也越来越少。我无法忍受回到家乡，过起一眼能够看得到头的生活，满足于和以前的同学一起吃饭喝酒打麻将为乐。

我厌恶走街串巷，和各种远房亲戚聊着毫无意义的话题，浪费着自己的时间，还无法使别人满意。

我厌恶被各种善意的关心搞得心神不宁，被所谓的"我们都是为你好"扭曲了自己的价值观和行为准则。

所以我只能选择逃离，逃离到大城市。在这里我能够不断学到新的知识，不断充实自己，让自己可以一直成长。我能够认识更多有趣的人，结交层次更高的朋友。

这里生活便利，能第一时间看展览，看话剧，听音乐会，接触最前沿的科技和文化。

我知道自己的想法很功利，但这就是我目前努力的原因。所以我从来不会和其他比我混得好的人比较，如果我没有实现目标，是因为我做得还不够。

包括我在内的很多朋友，我们学生时代都很迷茫，有些到现在也依旧没有想清楚自己究竟应该做什么，自己未来的路应该怎么走。

试想，如果一个人不了解自己适合做什么，擅长做什么，对什么真正感兴趣，对什么绝对无法接受，他怎么能够合理规划自己的未来，掌控自己的人生？

很显然，光思考不实践是无法真正认清自己的。

于是我们努力尝试各种各样的事物。

于是有人知道了自己不适合做销售，适合写文字。

有人知道了自己不适合做人力资源，适合做金融。

有人明白了内向的自己也可以交到很多朋友。

有人发现了口吃的自己也能做演讲，做电台。

……

很多时候，当你真正努力过，你会发现，原来这个世界上很多事情并不是像你想象的那样。走另一条路线，开始虽然艰辛，风景却更美；一天工作了 12 个小时，发现并没有想象中那么难；克服恐惧对欺负自己的人迎面还击，摸清了自己和对方的底线……

然后你会发现，很多时候，我们爱上一件事不是因为我们的兴趣就是它，而是因为我们通过不断的努力，终于在这件事上取得了成就，收到了正面的反馈，于是我们越发地欣喜，也越发地爱上了做这件事。

我的一个同事，原来在武汉从事医药销售，后来因为喜欢广告，从武汉来到上海，从广告 AE 开始做起。

他刚来上海的时候工资很低，住的地方离公司也很偏，因为并非广告专业毕业，许多广告相关知识他都完全不懂。因为怕试用期过不了，他随时带着笔记本，不论是设计、文案还是策略相关的知识，他都逢人就问，并一一记录下来。

后来他由 AE 转向做策略，便利用一切时间看参考案例，看各种广告相关书籍，经常加班到凌晨一两点甚至通宵也一定要保证产出品质。这些没日没夜拼搏的日子，让他飞速成长，成为公司的核心人员，薪水也翻了几番。

如果没有这些努力，也许当初他根本过不了试用期，也许他还是个默默无闻的 AE。

他说，有些事现在不去拼一把，总有一天要后悔。

4

有人想去看看更大的世界，有人想让自己的家人过上好的生活，有人追求精神上的自我满足……这都是我们努力的理由。

当然，并非所有人都在努力生活，努力也不是生活唯一的出路。

这本身就是一条不好走的路，所以如果不想努力，就不用勉强自己。

一旦你踏上这条路，在到达目标前，你要承担责任，你要忍受折磨，你要直面压力，有时候甚至要忍耐他人的误解和恶意。

但当你通过自身的努力，感受着自己一点一滴的进步，在心中积累起"我的人生由我来掌控"的自信时，会感到异常的踏实和安定。

正是这份踏实和安定，让你在面对突发事件的时候能够沉着应对，面对冷嘲热讽的时候能够泰然自若，面对世俗诱惑的时候能够不忘初心，真正活出自己希望的样子。

现实如斯，
要让自己
过得更好

人生不如意之事，十有八九，越是在谷底，越要照顾好自己。

1

好朋友琳，工作于一所全国闻名的 985 高校。

很多人羡慕琳，工作体面、环境单纯、固定寒暑。就连整个人的气质和谈吐，也被工作滋养得光彩照人。

可琳的工作是院长秘书，天知道这份工作有多辛苦。

院长一般 8 点左右抵达办公室，琳每天 7 点半就会准时到达。简单整理、刷杯煮水、泡上一壶温润的正山小种，再把当天要用到的文书、眼镜、药品，一一放至院长桌边。

院长出差，琳要跟着；院长开会，琳要候着；院长应酬，琳要陪着……就连院长稍事休息的时候，琳也要负责在外应付来访记者。

一天繁重日程下来，往往已经晚上 9、10 点钟。琳回到家里，不但还须随时准备应对突发事件或短信传唤，还要自行加班两三小时，整理好当天记录和票务数据，安排好翌日行程和资料储备。

虽然工作于高校，有固定双休和寒暑；但身为院长秘书，琳的工作日休息时间，绝不超过每日七个小时。

但每次在任何场合遇见琳，她永远是精力充沛、妆容讲究、笑容满面的样子。

我曾特别好奇琳是如何在这样的工作里，还能将生活收拾得美好、体面。

某次和她聊及，才知她的生活习惯。

琳每天5点半起床，叫醒她的，不是手机自带的聒噪铃音，而是五天不重样的悠扬钢琴曲。

琳姑娘起床后，先煮上一锅养颜养胃的胡萝卜玉米汤，再去浴室里从头到脚洗个淋浴，以保障作为秘书一整天的精神昂扬和神采奕奕。

待梳妆打扮一切就绪，汤也好了。琳还可以从容地在餐桌上品味一锅"红情黄意"，带着从心底溢出的能量与暖意，闪亮出发……

2

琳说，五年前刚入职的时候，面对排山倒海而来的工作，也曾鸡飞狗跳、束手无策，数度想过逃离，后来想想哪一行都不容易，就试着向前任秘书和资深达人取经。

秘书的工作要点就在于照顾和整理。于是她渐渐学会在"盘根错节"的事务中"抽丝剥茧",化"狂风骤雨"的局面为"月朗风清"……
而想要在千头万绪中找到出口,首先得学会在复杂的环境里照顾好
情绪和自己。

琳学会早晨在给院长泡上一杯红茶的同时,也就着烧开的热水,
给自己泡上一杯玫瑰柠檬茶。甚至会驻足一两分钟,看着紫色花苞
在青花瓷杯里,一点点晕开和绽放……

院长开会的时候,她会在对工作心中了然之后,站在清朗的窗
口,欣赏着不同城市不同高校的银杏和梧桐;也会与早已熟识的秘
书同行们,交流工作心得,闲谈生活各面……

晚上加班的时候,琳一边敷着面膜,一边点燃一支安神的老山
檀香……在宁静的夜里听着键盘敲打的声音,享受一种难以言喻的
工作幸福。

所以,琳的肤色看上去总是红润,气色始终上乘,精神依然昂
扬,穿戴始终考究,更重要的是,她始终葆有着对工作和生活的高
度激情。

五年之后的琳,对这份工作更多的是热爱。不仅因为寒暑假期
她能去看高山与大海;更因为这份工作本身带给她的成就、上升与
乐趣。

挑战不了生活困难的人,也无福享受生活本来面貌的美好。

能够真正驾驭生活和工作的人,往往也能驾驭自己和人生。

3

把自己照顾好了，身边的生活、家庭、工作，一切才会跟着好。

身边的一切都好了，自己也才能真正好。

几个月前，去另一座城市探望我 80 多岁的外婆。

因为带去一些湘南特产，外婆便从箱子里分出一半来，张罗着要给她同住一个院子的老闺蜜送去，说乔奶奶在湖南生活过，也一定喜欢这来自家乡的味道。

我搀着外婆走过一条长长的上坡，来到一栋有花园的房子旁。

乔奶奶住在一楼，她院子里种着一排小雏菊和向日葵，有一顶大大的庭院伞和一张舒适的躺椅。

我们按了许久的门铃，主人家才姗姗来迟开了门。乔奶奶耳朵不太好，我们提高声音重复了几遍，她才大致明白，这是朋友家的外孙女从湖南过来，也给她送了些爽口的腊味与年糕。

乔奶奶虽然耳朵不太好，但精神矍铄，她穿一件镂空的黑色披肩，带着金丝边眼镜，一头微卷的银发，挺有一种民国老太的优雅风范。

她请我们穿过阳光小院走进她家，我才知道这偌大的 100 多平房子和院子里，竟只住了 80 多岁的乔奶奶一个人。

后来听外婆说，乔奶奶的老伴儿 30 多年前就过世了。三个子女因分散在全国不同的地方，乔奶奶好强，既不愿跟着子女住；也不让子女从另外的城市搬来陪她住。

乔奶奶的确一个人也可以生活得很好。她热爱种花，院子里的很多老太太都从她这儿索要花种子；她擅长唱歌，院子里开联欢会的时候，老太太总献上一首怀旧的苏联老歌。

可在更多阖家欢乐、翠烟升腾的时候，这位老太太却是一个人踱着小脚小步，独自外出买菜、回家烧饭、擦桌扫地，一个人循着标记索箱吃药。

很难说乔奶奶这样的生活到底算不算好，一万个人眼里大概有一万种看法。

但我的确相信，这一定是乔奶奶在现有境遇下，自己所理解的最美好活法：既不拖累孩子，也不委屈自己；既让孩子放心，也让自己开心。

既然生活如斯，我总要有办法让自己变得更好。

4

以前我总以为，那些个生活美好、优雅恬淡的女人，多半是命运的宠儿，她们因为现世安稳、生活富贵，所以怡然自得、春风满面。

后来渐渐发现，再高贵的人生都有心酸落魄时……

我们的生活，更多时候本质都一样：悲喜掺杂、高低起伏。

所不同的是，有的人在相对艰辛的日子里，也能从苦难里开出花朵来；而有的人即算在相对和顺的日子里，也能活得满身戾气。

聪明的女人，始终给苦留一个出口，给甜留一个入口……

那些时刻沐浴在美好里的女人，不过是学会了在何种境地里，都妥帖地照顾好自己。

现在吃的苦，
都会照亮你
将来的路

1

一年前的夏天的深夜，收到一封读者的来信，信的内容大致如下：

我现在在北京的十字路口，11 点的夜晚，我不知道自己离开自己的城市是对还是错。

白天的时候，又被领导批评了。我的一个文案被否决了。

我不敢告诉他，那是我整整做了一个夜晚的文案啊。领导说：没新意，没创意，如果我是客户，根本就没有和你合作下去的欲望。

我没有吭声。真残酷。要是我告诉她，我花了一个晚上，是不是听起来更加无能。

我是一个普通大学毕业的学生，文凭一般，知识架构也一般，在我们这个 100 多人的公司里，活着一堆的海归、一堆的硕士生，我寄居在里头，拼命用自己的谦虚掩盖自己的不足。

做了一天的文案，所有人都下班了。我不知道，明天领导看到这个文案的时候，会不会又摇头。

其实，也是自说自话。我等着出租车，夏天的北京好像有点寒冷。没什么，不必回复。

这封信，我下载了下来。

我和那个姑娘说：谢谢你的信任，好像除了"加油"真的无话可说。希望下次再见，是你的好消息。

2

昨天，我又一次接到了她的来信：

一切平顺。现在已经得心应手，老板把我的文案作为优秀样本，和老员工放在一起。路过那个路口，突然想到告诉你。

我很好。谢谢你的加油。

那一刻，我只想起一句话：年轻时吃过的苦，都会成为你未来的路。

这句话好像是真的。

3

大学有一个暑假，我在一个小县城的报社实习。

小地方的报社氛围，虽然没有大城市报社的洋洋洒洒和肆意张扬，但好像更多了一些中规中矩的刻苦劲儿。

当时，单位有一个记者，是个30多岁的男人，个子不高，特别瘦小，每天都第一个来上班，又在报纸出刊后，第一个出发去跑新闻。

他是一所普通院校毕业的，文凭也不好看；是农村人，所以格外肯吃苦；好像也不聪明，所以只能靠勤奋。

看得出来，一些人对他的努力，并没有一丝赞赏。职场就是很奇怪的，当你身在其中，所有人都希望的是，大家一团和气，"同甘共苦"，你想冲锋陷阵，未必被人钦佩。

是啊，你那么认真，不是给那些不刻苦的记者找对比嘛！

你跑了那么多新闻，我们跑什么！你写那么多，我们的版面都被你挤占了。

你说，他真的什么都没听到吗？一定不是。人言可畏，就算是一阵风，刮了那么多阵，也该刮到他耳边了。他还是每天高高兴兴地上班，该工作的时候工作，该和人唠嗑的时候唠嗑，什么事都没发生。

后来，我去听他的一趟新闻课。他说，他什么都不信，最相信的就是勤奋。

我那年进报社的时候，写的第一篇新闻就被否决了。

现在，我几乎是报社每年报发新闻量最大的记者之一。

为什么？

就是勤奋。每天不停地跑，不停地写。我每天新闻跑 12 个小时，全年休息时间比别人少三分之一，寒冬酷暑，没有人愿意去跑的新闻，我去！最偏远的地方，没人去，我去！我们总是喜欢近在咫尺的稳妥，然而事实上，你与别人的差距如何拉开，就在于能不能走过别人没走的路，吃过别人没吃的苦，见过别人没见的人。

你做一件事，不间断地，认认真真做 100 个小时，一定比那个只干了 40 小时的强。为什么？量变到质变，从来不会含糊其辞，可能不会立竿见影，但一定会渗透在你长长的人生岁月里。

是啊，其实是多么朴素的道理。成功从来不会一蹴而就，也不会从天而降，它只在你的岁月里，慢慢生出花。

我毕业后的几年，他成了首席记者，可能是报社最年轻的首席记者之一。

4

经常有刚入职的年轻人给我写信，觉得自己现在过得太苦了，几乎都快过不下去了。

我一般的建议：

一、你确定是因为不喜欢从事的这个行业，还是不喜欢那里的人，不喜欢加班？

二、你不喜欢现在的工作，你有喜欢的工作吗？

如果你有喜欢的行业，我一般就建议你换工作了，如果你只是对人际关系反感，或者对加班深恶痛绝。那么我会告诉你，走下去就对了。

没有什么工作是不辛苦的，没有什么江湖是一潭清水。

每一个光彩夺目的人，一定有过在黑暗中前行的日子，而那段日子，也一定会点亮你前行的路。

三毛的《空心人》里有一句话：所有的人，起初都只是空心人，所谓自我，只是一个模糊的影子，全靠书籍、绘画、音乐里他人的生命体验唤出方向，并用自己的经历去填充，渐渐成为实心人。而在这个由假及真的过程里，最具决定性力量的，是时间。

我们都要相信时间和自己的力量，生活的路只要活着，就还有很长很长，生下来，活下去，像个人样活下去，这才是最重要的事。

致那些孤独奋斗的人

1

夜里无法入睡，记忆累积在心中也无法抹去，突然想到很多而拥抱自己，失望时忍不住哭泣。

在熟悉的角落安慰自己的寂寞，黑色的眼影红色的唇彩只为掩饰夜里的彷徨。

所有的坚强并非与生俱来，所有的锋利并非天生而就，只有小窝里的姑娘才是自己。

北上广追梦的姑娘们，大多都是离家独自奋斗，她们筑起了坚强，藏匿了软弱。心底里愿她们做自由、温暖、柔软的女孩。可以走在冬日寒冷的街头，独自一个人慢慢蜷缩着走在空荡的街上的时候，就暗自告诉自己：这世界上有个角落，有个人正深爱着这样的自己。

她们始终相信，这会是一个美好的魔咒——与独自奋斗的姑娘共勉。

2

晚上 10 点半我刚准备睡觉，手机叮咚一声，收到闺蜜小艾给我发的微信。

她上来就兴致勃勃地跟我讲她昨晚做的一场噩梦，那种感觉我懂得，我想她自己一个人定是吓坏了。调侃了她几句缓解了一下她紧张的神经。聊着聊着她又说自己胃疼，我都不用问就知道定是吃饭时间不规律，因为平时她都几乎不吃早饭。

在我的盘问之下，果不其然，还真的被我猜中。

一向大大咧咧的她嘴里边嚼着面包漫不经心地说了句：哎呀，没时间吃早饭啊。

讲真的，我打心底心疼她，但我从不会表现出来给她看，我只会做那个直言不讳的行刑者。

说一些她自己不敢面对的事情，比如工作目标不明确，比如感情问题太拖沓等等。

小艾是我初中就已经认识的好朋友，时至今日已有十年之久了，这期间虽不密切联系，但是有事她第一个想到都会是我，好的不好的都会跟对方分享。

小艾这个女孩，不出众，不起眼儿，是那种丢进人群只能够做甲乙丙丁的人，不过她生性乐观，总是以笑容示人。

3

在我的心里，小艾也算任性过一回的人，为了做一个追随自己喜欢的工作的姑娘，她风风火火辞了相对稳定安逸有固定收入的工作。

自己做了主张，瞒着家里，一心向往自己喜欢的东西。似乎以前我一直觉得我自己已经是一个内心很强大的女人了，直到一个周末陪小艾加班，去体验了一把她一天的生活的状态。小艾自己租房子住，一室而已，还是多名租客共用一个卫生间那种。

为了省房租租了一个便宜的地段，每天上下班路程就要花掉两个多小时，按现在入冬的时间来说，每天早晨5点半起床洗漱收拾，连忙去赶公交挤地铁，早上几乎从来不吃饭，8点到单位开始工作。

到了中午随便叫个外卖，几个同事坐在一起竟吃得津津有味。终于到了快下班的时间，我正要为她忙碌的一天松口气，她就得到公司做活动加班的通知。

清楚地记得，下了班她边换工作服边对我说，我们要以火箭的速度去坐地铁追赶最后一班公交车。

下了拥挤的地铁她要我跟她一起跑着去公交站，我说我累得不行了，要不咱们打车回家吧。

她二话没说，一把拉起我的手奔跑在微黄的路灯下，那一刻她弱小的背影竟让我觉得她是如此的强大。

　　都说爱笑的姑娘运气总不会太差，幸运之神还是眷顾了我们，我们最终还是坐上了回家的末班车。

　　小艾蹦蹦跳跳地上了公交车，终于可以安静地坐下来休息会了，小艾对我说晚上加班十有八九，有一丝希望能赶上末班车就要追赶着去试试，不过不是每次都是这样幸运啦，错过末班车的时候也有，只好奢侈一下打车回家喽，她笑着说。

　　公交车在茫茫的夜色中缓慢地开着，经过了整整 21 站我们终于到达了目的地。

　　下了公交车我感觉我们像是穿越了半个地球，她在前面牵着我，我在后面一直问她还有多少米到家，她总是回头笑笑告诉我就快了，就快了。

　　我早就已经累得闭上眼睛放空自己跟着她走，大脑中正幻想着躺在床上的舒服感……

　　突然间，她松开我的手从包里掏出一打宣传单跑去给身边的路人发传单，我不耐烦地跟她说："喂喂喂，我们快回家吧。"她嬉皮笑脸地对我说："唉，就一会儿，马上就发完啦。"

　　就这样，她边介绍公司做的活动我们边朝着回家的方向走，好像，不知不觉一会儿的工夫宣传单也被她发完了，而我们也到了小区门口。

　　我们两个在小区门口的面馆吃了碗热腾腾的面，这时已经算是一天中最幸福最享受的时刻了吧。

这一天中我曾无数次彻底地被她的坚强所打动着，我看着对面她吃得津津有味，内心深处也涌起了一股暖意。

4

从她那回来后，我感触颇多。

我想，每个人的选择不同，生活也会不同，但足够幸运的是，你对你的选择不后悔，你也热爱此刻当下的生活。

现在我们选择的是一种以自己喜欢的方式独自成长，最后都会变成一个从容的姑娘。

也许经历是最好的足以证明我们成长的方式，有些人经历的也许正是你当下此刻正在经历的生活，可能她的那份坚持和坚强同样是你需要去适应的吧。

每个漂泊在外乡的姑娘们，都还好吗？

伤心难受的时候有人给你安慰吗？

生病卧床的时候有人照顾你吗？

难过不顺利的时候有人给你帮助吗？

一个人孤单的时候想家吗？

或许爸妈会给你安慰说：累了就回家吧，家永远都是你的港湾。

但是，我相信你也总是会笑着说：放心吧，我过得挺好的。

　　愿我认识的不认识的，独自在外奋斗的姑娘们，希望你们也一直能够乐观坚强，早日实现自己的目标，用自己喜欢的方式过上自己热爱的生活吧。

迷茫的时候，
是成长的起点

人在成长中感受迷茫

是正常的，

迷茫是在生命的溶洞中

想寻求方向的人才会有。

迷茫的时候，是成长的起点

一个小青年对我说，我说的话他不太懂，他说："也许我长大些就懂了。"我感到他很勇敢，要讲出这样的话的人，一定是勇者。还有个青年说自己有"迷茫"的感觉，问我怎样做才能解除。他们的勇气让我想起自己的成长过程。

我比一般人开悟晚很多。那时根本就不懂用什么方法来"打通信息通道"（这个词是我2007年，学大脑神经认知科学时才学来的）。在我结婚后，糊里糊涂地活到了30多岁，内心不甘于停留在那样的状态，于是就开始翻看一些杂志。处于蒙昧状态的我，看杂志上的内容很费力，因为只认得那些字，却不懂得词的真正含义是什么。当时我感到有一个词很符合我的状态，那就是"自卑"，于是，我很想知道"自卑"是什么意思，可是，我害怕问别人。我先生是个脑子很清醒的人，当我显得很无知的时候，他是很着急的。他肯定是知道的，可是我不敢问他。我自己悄悄查遍了各种各样的字典，可是仍然没找到对"自卑"很好的解释。

有一次，看到一篇文章，我不太懂文章里的真实含义，但是感到写得很有"水平"。里面大约说的是一个人要做大事情，就要有"宽阔的胸襟"一类的话。我喜欢这句话，也认得那几个字，但是从意义上我只是大约能理解。我给自己下个决心，要把"有水平"的话记在心里或写下来。

十年后，当我看到自己当时抄的一句话大为震惊："要做一个高素质的人。"我觉得那就是"有水平"，我就抄下来了。在抄下来的五六年以后的这天，才发现当时的我，居然把自己不懂的话抄下来了。那时，对什么叫作"素质"并没有看懂。因为没有人引导我，我在人生中就这样瞎碰着一路走过来。

后来我认识了一个懂心理学的朋友，她与我谈话的点滴，我都会认真地倾听和思考。后来她给我介绍些心理学的书让我看，那时我看不懂，但是就硬让自己学着读。特别是那些名词，不懂的没有给我讲解，只好借助其他的描述，让我先记住它再说。我渐渐就懂得越来越多了，现在回头看，我现在的认知结构已经超越了我当年看不懂的书了。

我感到，如果让自己有意识地去记住那些"有用的话"，这些话进入到自己的大脑，就成为"信息模块"，如果能让信息"模块"在脑内达到15万到30万时，一个人就能举一反三了。

朋友说："这些道理在七八年前，我也不会说这些话。'信息模块'是我九年前学来的，'心理结构'是我七年前学的。我当时并不知道自己有'更大的可能性'，只是有想把自己变得'更好'的冲动而已，于是就坚持学习。"

有个女青年问我："老师，我什么时候能超过你？"我说："根据你的悟性，只需要三年时间就能达到我今天的水平……"

我带领过一个基层工作的员工，按照我的指引，他用了三年的时间超过了我。他的这种现象，让我大为振奋，我后来又带过一些基层工作者的青年，现在许多人在职场上，都能担当优秀角色了。

其实每一个人都有更大的可能性，只要我们努力！

人在成长中感受迷茫是正常的，迷茫是在生命的溶洞中想寻求方向的人才会有。接近有营养的信息，靠近有点"水平"的人，很快就能解决迷茫问题了。

把爆米花拿上来吃

1

那一年，我们上初中二年级，大部分的少年都是13岁，特别容易愤世嫉俗。开学还不到一个月，我们就在课堂上制造了各种大风大浪，简直就是无法无天。种种挑战权威的事件之后，班主任范芳宣称辞任。

据说校方经过多方协调，终于有人愿意接任我们的班主任，继续教我们这些已然恶名在外的少年。

就是这样，杨震宇来了。

杨震宇接任班主任之后，我一直在揣测他对任性的、处处都要和别人不一样的米微微的态度。米微微这么不安分，一定能激起杨震宇的表态，但杨震宇会怎么处置米微微，我不知道。

天，米微微上语文课吃爆米花被杨震宇发现了。

那个时代，在有限的几样零食中，爆米花尤其受欢迎。喜欢吃爆米花是常情，然而喜欢到非要上课吃就是矫情。当多数人都为了服从纪律而克制需要时，破坏纪律的人就特别面目可憎。

我总觉得米微微的偷吃中掺杂着一种近乎挑逗的表演。有时候我希望米微微的偷吃被发现，有时候我又觉得米微微自己好像也希望被发现，这么一想，我又希望她不要得逞。这些矛盾的心情，此消彼长，在我心头形成了一股没什么重点的愤愤不平。

2

在我愤愤不平地想象米微微"被抓现行"过百次之后，这一幕终于实现了。

"拿上来吃。"杨震宇说这句话的时候正背对着我们写一句古文，他转过身，冲着米微微的方向示意了一下："说你呢，米微微，拿上来吧。"

我心跳加速，全身充满了好戏即将上场的刺激感。

米微微没有像我期待的那样乱了阵脚，她在大家的注视下，把盛爆米花的塑料袋从抽屉里拿出来，放在了课桌上，然后抬头看杨震宇，还略仰了仰脸，好像在找四目相对的最佳角度。她那副处乱不惊的样子，让她看起来简直像为偷吃而生的。

"嗯，吃吧。"杨震宇看着米微微，冲她点了点头，然后继续转身板书。我从他的语气里听不出那到底是个表达允许的陈述句，还是一个表达讽刺的反义句。

就在我陷入揣测时，米微微竟然真从塑料袋里抓出一把爆米花，放进嘴里，开始咀嚼。

"你真吃啊你！"坐在米微微后面的曹映辉压低嗓门儿喝止她，同时踢了她凳子一下。

"你干吗呀你，杨老师不是让我吃了吗？！"米微微当场高声回应，皱着眉撇着嘴，语气里充满受到迫害的委屈。

事态到了这个地步，很难不了了之了，我低头假装看书，全身的力气都放在耳朵上等着听杨老师训斥米微微，训斥是我唯一期待的"公平"。

如果可以，谁不愿意上课吃爆米花，可是我们不敢啊。人性不就是这样嘛，多数时候我们认为的所谓"公平"，不过是期待外力打击那些比我们更强的人，好让我们借此忽略自己的软弱。

然而，杨震宇连头都没回。

3

等快下课了，他才再次转过身，正色道："我们来说说刚才的事。"

等大家都抬头，坐好，杨震宇说："刚才，我允许米微微在课上吃爆米花。她这也不是第一次，她也不是唯一一个，我同意了，我不想让她因为惦记着吃而耽误了笔记。现在我想了解一下，你们谁特想上课吃东西，请举手。"

看大家神色窘迫，杨震宇又补充道："不用担心，我从来不责罚诚实的人。"

杨震宇说完，米微微率先举起了手。

"嗯，你说说你为什么非得上课吃东西？"杨震宇问。

"我爸爸说，人应该早上 7 点到 9 点之间吃早饭。可是我们早上 7 点到学校，跑步，上早自习，根本没时间吃早饭。如果第一节课不吃，就错过了吃早饭的最佳时间。"

米微微说得洋洋得意，好像她上课偷吃东西完全是为了尊重科学。米微微的爸爸是医生，在整个的初中时代，米微微一半以上的开场白都是以"我爸爸说"起头，带着不容争辩的神圣权威。

杨震宇笑了笑说："这个说法也有一定道理。除了米微微，还有谁上课特别想吃东西忍都忍不住。"

这一次，陆续有十几个同学举手。杨震宇数完人数又说："好，那反对上课吃东西的也请举一下手。"

杨震宇问这句的时候，我很想举手，可刚好米微微回头，我跟她对视了一下，在她看到我的一瞬间失去了表达自己的勇气。

杨震宇又数了这一轮举手的人数，然后把赞成的"26 人"和反对的"12 人"分别写在黑板上。写完，转身道："这两次都没举手的同学请注意，不管你们是'无所谓'，还是'弃权'，反正就是没表达。根据刚才两次举手的人数得出的结论是，同意的比不同意的人多，且已经超过班里同学的半数，所以，以后在我的课上，如果实在想吃东西，可以吃。不过有两个规矩：一不许吧唧嘴，二不许耽误听课记笔记。如果惦记着吃会让一个人分心，那还不如干脆就吃，我要的是专心，不是口是心非。"

杨震宇又说："请记住，这是你们自己投票的结果，如果这个结果和你希望的不一样，就要想想，你为你希望的事，做过多少努力？今天的结果是那些想上课吃东西的同学为他们的希望努力了，起码米微微告诉我们最好上午7点到9点得吃早饭。她为她认为对的事情做了争取，她也争取到了。"

杨震宇用一种我从来没听说过的逻辑，让米微微的违规演变成了她引发的一场"民主投票"。

我迷茫了，在没人留意的角落里默默咬着下嘴唇，想着需不需要重新思考一下我的人生。

嗯，这是一个问题。

一辈子的很多时刻，都要面临类似选择：究竟忠于常规，还是忠于自己，以及当一些人习惯于低眉顺眼忠于常规，而另一些人眉飞色舞地忠于自己且毫不掩饰地得意时，"忠于"到底意义何在？

对此，我至今也没有确切的答案。

我想要见你

长大之后，可以交心的朋友越来越少。交朋友交心都太伤神，庆幸早早地遇见你。

12岁，我们在初中课堂相遇。老师夸你的短发剪得干净利索，我不服气。根本没想到我们就成了朋友，转眼就是十年。似乎朋友最初都起源于嫌弃，互相看不顺眼才是了解对方的原动力。

14岁，我们都有了喜欢的人。那些男孩子的只言片语总能戳碎我们的玻璃心。后来翻到那时我们互传的纸条，竟然在鼓励彼此爱下去，幼稚至极。你说那些年的爱情怎么都那么蠢，和喜欢的人一起放学回家都能笑好几个星期。

15岁，我总是丢三落四，而你就像我的校园管家，总能帮我打理好那些琐碎的事。还好我们是互补型的朋友，永远不会在擅长的领域抢对方的风头。

16岁，我们考到了不同的高中。那个时候我数学好，你所有弄不清的问题会来问我。以前经常能一起骑车上学，可那时目的地不再相同。没想到距离越远越能考验友情，心反而越来越近。

17岁，我说我爱上了一个男孩子。这次我说的不是喜欢，而是爱，虽然我也不懂喜欢和爱的区别。你非要说我爱上的是渣男，我当时甚至想和你断绝友情。时间证明你是对的，还好我没有一直傻下去，也还好你没中途离场。

18岁，我成年了。我最爱的男孩子没有给我任何祝福。反而是你，捧着13朵白玫瑰送给我。你说你兜里的钱只够买这些，就都买来给我了。

19岁，我失恋了，而你爱得正好。我躲在屋子里哭得人狗不分，瘦了一圈。你来我家看我，一句话也没有说，就扔给了我一个枕头和一个暖水袋。你说，让自己舒坦地活着，别总去想那些无聊的破事儿。

21岁，我突然被很多人认识。坚持不懈地在网上写东西画东西的我，终于有了观众。你打趣说，你要向网友们揭露我现实中有多二。反正你从来不会夸我，但当我出现问题时，你永远是最亮的警灯。

22岁，我们都毕业了。你去了一家外企做HR，而我为自己的小工作室操碎了心。

23岁的时候，我已经好久没谈过恋爱了，而你一直爱得风生水起。我跟你谈很多我未来的计划和点子。而你早就想好了接下来每一步要怎么发展。

我们有抹不完的眼泪。我们有发不完的神经。我们有不动声色的照顾。我们有对对方说不尽的嫌弃。想必，朋友就是这样的吧。

　　每天醒来，我都想要见你。

I want to see you every morning.

那些岁月，
那些成长

要不是在上戏读书，可能很多事情我会花比较长的时间才能明白。

并不是说真正和专业相关的事情，而是那些我们并不觉得学会了能怎样，但是你学不会总是活不明白的事情。

1

我们有一门专业课，贯穿四年。每一年带你的老师都不一样，也是为了让你知道以后工作也会面对千奇百怪的老板。

我很幸运，第一年小组课是和蔼的孙老头带我。他也是超酷的老头，浓眉大眼，喜欢戴一个画家帽。每次上课都像一周一聚的家庭聚会，讲作业的同时，大家都要聊聊一周做了些什么有趣的事，百无禁忌，什么都可以聊。

我大一时喜欢我们学校看上去好像浪子的高老师。有一次我一进教室，孙老头突然拉住我的胳膊，我问他要干吗，他笑眯眯地说，给你一个惊喜。我就被他拉着走到另一个教室，他一推门，就把我推进去了。我暗恋的高老师正在上课，我们对看一眼，我紧张得都快尿失禁了。回头看到孙老头，他站在门口偷乐。他刚要跟高老师介绍我，我羞得不行，赶快跑过去跳起来捂孙老头的嘴。

你们能想象到，和老师间发生这种情景吗？

我简直僵直着身体走出那间教室，孙老头洋洋得意走在前面，跟我说，你可要记住那一刻的感受，以后写什么见到暗恋对象的戏剧冲突，就把刚才那种感受写进去。

现在写来仍觉得孙老头简直太酷了。

之后那节课，他就跟我们全组人讲了高老师的八卦。说他是个重情重义的真汉子，还顺便夸我眼光好。也让我们记得，写一个人，要怎么写，怎么去讲他的故事，怎么先写表面，再写内心。可能在那之前，我不会体会一个人物怎么写，那一刻我竟然有了点体会。

孙老头算是带我入门的师傅，倒不是他教给我好多本领，只是因为他，以后工作再困难的时候，我都会想想他乐呵呵的样子。

写东西的初衷应该是快乐的，千万别忘记了。

2

到了大二，从最宽容快乐的孙老头那里，我被分到"神枪手"魏老师的组里。他神枪手的名号得来是因为他看到我们作业最会说的一句话是"枪毙，重写"。刚开始上他的课，我的内心活动简直是我和他只能活一个。

我和好朋友咩咩，课余最爱干的一件事就是偷骂他，咩咩更牛，编了一首《神枪手之歌》。最后还被他发现了，上课结束时突然叫我们留下，说最近好像很流行一首歌，你唱给我们听听。我们傻了。

最后不唱不给下课，只能一组人齐唱《神枪手之歌》。唱完大家很尴尬，愣了十秒他突然爆笑，说很好很好，这种创作热情要放在你们作业里。

他是这四年里对我专业水平提高最重要的老师。

每次上课先要应对他的索命提问，他会抓住你写的故事里任何一个小人物向你发问，他是什么星座的，父母是干什么的，交过几个女友，他离过婚吗，有过哪些与众不同的经历。第一次问的时候我都蒙了。如果我这么突然问你们，肯定没有人能答上来吧。

看着蒙了的我，他什么都不说，就说你回去想想，故事重新写。

回到家我悲愤交加中真的重新想，像游戏里人物设定一样设定一个人物，当我设定好的时候会发现，原来不同背景的人，面对同样的事，选择和行动是不一样的。这是写剧本非常重要的一点，否则你剧情里的每一个人，只是你自己说出的每一句话，都是你说的话，是写不出令人印象深刻的人物的。

第二次上课时他看完我的作业，我刚把自己做的人物小卡片拿出来准备和他像打"三国杀"那样大战 800 回合时，他却什么都不问了，开始新的刁难。

后来我竟被他虐上瘾，每次见面都想他到底还能想出什么新花样，我如何见招拆招。

3

像这样，我的大学里遇到各种风格的小组课老师，比我之后遇到的老板种类还丰富多彩。有的老师要求跟他交流绝对不能用短信，一定要打电话，他说短信是最能让人懦弱的发明，如果你们都不敢打电话还能干得了什么。有的老师，专门问我们平时看什么电视剧，然后和我们分析，高老师就讲过每个青春期少女都爱看的《绯闻女孩》，他说，想想看，是不是里面都是一群坏家伙？为什么你们姑娘都爱坏男孩？我告诉你，因为他们"真诚"。讲的时候我看着他的眼睛，内心爱意喷涌。还有的老师喜欢在室外上课，把所有人拉到静安公园坐着讲课，走过去都累死了，圈儿围得太大，一句话喊五遍才能听清。

上戏教给我更为重要的一点是：就做独一无二的你，不要变成其他任何人喜欢的样子，才是你最珍贵的东西。

每个老师的态度都是，你以后遇到的人，都比我们难搞一万倍，无论怎么样，你们都得给我受着。

伴着酒写这一段，真是又想笑又想哭。每一个老师，总有让人恨得牙痒痒的时候，总有你怎么写都拿不到高分的时候。但是我真的再也没碰到这样一群人，我过年回老家真的很想带特产给他们。大四的时候我在家做小饼干，最后失败的小饼干全给我当时的小组课老师吴老师吃了。我们就一边吃着难吃的小饼干一边上课，最后他把吃剩下的带走，说游完泳可以接着吃。

真的很想告诉你们这群老家伙啊——

我以后没见过比你们更难搞的人了，也没见过比你们对我更好的人了。

长大后才知道，用这么漫长的时间去了解一个人和被了解的机会太少了，但是四年里我们竟然都愿意这么做，也做到了，努力去看一个人的内心。

有人告诉过我，去面试时遇到孙老头，说过我名字。他说，晓晗是个小才女啊，暗恋高老师啊。看到那条私信我立刻就哭了。这么一件开玩笑的小事，没有人记得。

可是他记得。

4

即将经历和正在经历大学四年的你们，也是一样的。对于大学，不要抱太多期待，这四年，不是用来让你寻求意义的，如果抱着寻找意义而来，注定会落空。

在这之前，我们太弱小，只能努力成为父母的骄傲，在这之后，世界太凉薄，我们渴望成为世俗的成功人士。

只有这四年，我们完全可以最放肆，我们可以去做一些能够弥补的坏事，我们脸上有一辈子最饱满的胶原蛋白。所以，请一定要用尽全力去荒废，用义气交朋友，用真情去爱人，用奋不顾身去快乐，去了解自己，去爱那个永远不会完美的自己。

《你好，乔安》新一季里写过这句话，恰如其分用在这儿，送给你们："这是年轻的全部好处，就是被人打碎牙，也能笑出一嘴血红，说一句，我不过是年轻。"

日本茶道里有一个词"一期一会"，就是说一辈子只有一次相会。大学对我们来说就是这样的存在。

就写到这里吧，等着再老些。到了更远更远的地方，再回头望一眼这颗我们曾经插上旗子的星星，再和朋友把酒言欢回忆那些碾压过我们的时光，再从笑着聊到哭，再藏在桌子下面抽烟吃零食玩游戏假装别人点到，看飘在空气里的不会落下的尘埃里，藏着一生中走了永远不再来的这四年。

人生漫长，
有你就够了

1

毕业的最后一天，我去校门口送冷淡小姐。

到校门口的时候，我看见众人簇拥着一个长相甜美的小清新妹子，拉着她争先恐后地合影，拍完照片就开始排队拥抱，诉说离别衷肠。我看着小清新妹子抱着老师，对着众人哭得泪水滂沱。嘴里一句一个"舍不得"，最后挥着手像电影明星一样坐进出租车里，依依不舍地告别了大学生活。

人群散去之后，我看着对面的冷淡小姐，她拖着一个硕大的行李箱，背着一个双肩包，淡定地站在阳光下，看到我的时候也笑了笑，仿佛刚刚身边什么也没有发生一样。

我走过去打趣她："瞧瞧人家，大学四年混得多好，一大帮人哭成狗，可惜了辛苦早起化的妆啊！再瞧瞧你，唉！"

冷淡小姐看了看我，低声笑了笑，说："有你就足够了。"很多年后，当我回忆起这句话的时候，我都有一种搞定十分难缠的客户时的嘚瑟，虽然这个比喻很难体现出我们两个的深刻友谊。

2

第一次见到冷淡小姐是在大一的军训上。

刚进大学那会儿，我像村姑穿上了时髦衣服，滑稽又非主流。而军训期间大家都得套上千篇一律的军训服，所以我自然就被划入土肥圆的行列。而冷淡小姐套上什么都是女神，个儿高，皮肤白，身材纤细，长相精致，气质脱俗，班里很多男生对她垂涎三尺。但这位女神永远一副冰山脸，谁也不搭理，总是独来独往，除了固定的军训任务，从不参加其他任何活动。当时我觉得她清高又自傲，所以并没有好感。

军训结束后，由于我在军训课上开朗活泼又表现积极，被大家选为文体委员，以最快的速度成了班里的"人缘王"。除了冷淡小姐，我几乎和其他每个人都成了无话不谈的好朋友。

大一的生活潇洒又自在，我奔波于各种活动中，乐此不疲。话剧大赛、歌手大赛、辩论赛……无论什么比赛都能找到我的身影。而冷淡小姐活动的地点从来都是寝室、教室、食堂，并且她永远形单影只。

我看不下去了，决定去解救这位孤单的妹子。原本以为她会果断地对我不屑一顾，然后继续扮演高傲的孔雀。可是当我开口邀请她一起吃饭的时候，她竟然答应了，并没有任何排斥的感觉。我开始为我的第一步成功感到开心。之后，我们从偶尔吃饭变成了经常吃饭，但是除了我好像再无第三人。不过，那个时候我并没有把她当作我的好朋友，我依旧和其他人相处融洽，只是偶尔无人陪伴的时候才会想起她。

我渐渐发现大学的比赛有黑幕，学生会干事会时不时地针对某个人，相处融洽的某个好友会拿着你的劳动成果去邀功领赏。我开始以一己之力挑战所谓的黑暗，事情戛然而止在某天的中午，我甩了学生会的某个上司一巴掌后，就光荣地与这些人彻底脱离了干系。

之后，原本盘旋在我身边的虾兵蟹将好像一夜之间通通涌进了更深的海底，独留我一个人在岸边吹风。冷淡小姐成为唯一不与他们苟合的异类。而我竟然是抱着一种无路可退、不得不选择她的态度和她成为同类的。后来我把这一点告诉冷淡小姐的时候，她鄙视了我很久。

我和冷淡小姐组成了"异类二人组"。一起坐在教室最后一排，一起下课吃饭，一起逃课思考人生。和她在一起，我开始注重起自己的形象，学会了留长发、穿高跟鞋甚至化妆。我从大一风风火火的女汉子，一瞬间变成了忧郁清高的文艺女青年，这些都得归功于冷淡小姐。

3

大二的下学期，我恋爱了，我喜欢上了一个和我相隔1000公里的男孩。当时我和冷淡小姐坐在教室的最后一排，我把手机往她怀里一塞，说："看，就他就他，帅吗？明天我就要去见他了。"

冷淡小姐淡淡地瞄了一眼，然后说："以我多年来的经验，此男要么薄情，要么多情。小心被骗啊！"

我立马抢回手机，辩解道："我不信！"

第二天，我买了深夜11点半的车票，冷淡小姐以保护弱智儿童为由，陪我在火车站等到了发车时间。

当时的我一心沉浸在即将见到男友的兴奋中，完全忽略了学校寝室门禁的事情。我不知道那晚冷淡小姐是在哪过夜的，我只知道，当我在火车的卧铺上辗转反侧难以入眠的时候，她还在给我发短信，叮嘱见面后的注意事项。

我如愿以偿地见到了男友，自此和他搞起了异地恋。只是好景不长，在我们相处不到半年的时候，他果真多情地劈腿了。那天下午，我和冷淡小姐照常坐在教室的最后一排，我的手机突然冒出一条短信，短信的内容大抵是：你还知不知道羞耻，竟然勾引我男朋友！我才是他正牌女友好吗！然后骂了一通不堪入目的话。当时我脑袋一空，身子也跟着发起抖来。

就在那个时候，冷淡小姐一把抓起我的手机拨了那个电话，在对方接起的那一刻，冷淡小姐说了一连串我有生以来听到的最解气也最感动的脏话。她甚至都忘了那是在上课，在全班诧异的眼光和老师气愤的面容里，我们很悲剧地成为其他所有人的笑话。

下了课，不知悔改的我硬是不顾她的反对，毅然选择坐上了火车去找那个渣男。我记得整整三天，我不吃不喝，像疯了一样找到他，让他给我一个说法，但是他最后只用了一句"对不起"就把我打发了。

回去的路上，我哭得泣不成声，仿佛把多年来所受的委屈全哭了出来。而当我下了火车在火车站看到一个熟悉的人影之后，我又笑了。冷淡小姐拖着脏兮兮的我，她骂我笨蛋的样子让我至今难以忘怀。也是从那一刻起，我觉得这个世界有她真好。

4

在那之后，我好像把大学所有的坏运气用完了。我开始变得积极上进，努力学习、努力过好每一天，在假期的时候，用存的钱和冷淡小姐出去旅游。

我们去了很多地方：我们在鼓浪屿的小道上吵架，然后放声大哭，哭完再和好；我们在大连的海边放烟花，被城管追得到处跑；我们在香格里拉的客栈里尽情唱歌……那么多的地方，原本我都是打算和恋人一起去的，却被冷淡小姐提前霸占了。

看完了这么多，你一定以为我们很亲密，会像一般闺密一样手挽手、肩并肩地腻在一起。但是我们从未在大街上牵过手，我们也从未十分深情地拥抱在一起，我们甚至从不和对方说任何闺密间的悄悄话。我们理智地"相爱","淡漠"地走过每一年，如同她的性格。送走冷淡小姐的时候，我给她发短信：回忆四年来，都是你对我的好。我好像蛮差劲的吧。

她回了我一条长长的短信，到现在，我都怀疑她是提前写好的。她说：

也不知道是谁在大一时全班把我当作另类的情况下，不管我愿不愿意就拉我入伙，结成帮派。

也不知道是谁在我最穷的时候，硬逞强说自己是有钱人，不管我愿不愿意，每顿饭都提前请客。

也不知道是谁在游玩途中说受不了感冒发烧的我耽误看日出，自己一个人偷偷跑出去拿着相机拍了日出全程，也不管我愿不愿意，硬是塞给我看。

……

好吧，你做了这么多我不愿意的事情，想着如何报答我吧！

看完这条短信，我傻笑了很久。

一生中，能有这么一个朋友，我是不是赚了？我想，朋友不在于多，只在于有你就足够了。这善变的世界，难得有你，还这么不嫌弃我。谢谢。

我们都在
慢慢成熟

你约人吃饭，因为不知道说什么的时候，还能低头夹菜。你约人看电影，因为不必说什么，只要静静地看别人的生活和故事。你约人逛街，因为总有些新产品上市，可以聊一聊、试一试。你约人唱歌，因为不用背歌词，只用对着屏幕唱出来就好。喜欢去超市，直接拿东西刷卡就好，不用和人讨价还价。喜欢去咖啡馆，做自己的事，和周围人无关。喜欢去健身房，跑步或者练器械，见到有人走近就默默走开。喜欢去书店，这本那本翻一翻、看一看，回家再从网上买回来。

这城市足够大，大到可以容忍你的一切怪癖和习惯。或者不是容忍，而是无视。

人们都忙碌于自己的生活，把冷漠说成对隐私的尊重。挺好的。没事吧。那就好。还行。大家都这么说。挺好的。没事啊。还好。还可以。于是你这么说。

那些找你诉苦的人，倾倒完苦水之后，又离开你继续前行。你也不怎么在意，因为你只是装作在听。

看见乞丐，你不会再给钱了，觉得他们背后都有个集团。看见打架的，你低头走远，只怕被卷入其中。看见出事的，你赶紧离开，怕万一被赖上了，该怎么办。

你住在大城市里，却过着一个人的生活。你周围不缺朋友，却无人倾诉，你也习惯了沉默。你去排名靠前的餐厅，味道还不错，却缺了点什么。你去看最新的电影，感动转瞬即逝，却变成对另一部的期待。你很久没有看过《新闻联播》，渐渐忽略城里在发生着什么。

房间里的东西越来越多，行走的范围越来越小。去过的地方越来越多，记忆深刻的越来越少。工资越来越多，朋友越来越少。要做和能做的事越来越多，真正去做的越来越少。

以前攒好久的钱才买得起的礼物，现在看上就能买下，却不会为此兴奋整月。以前觉得有人管着很烦，现在觉得自由也是一种孤独，却又不愿失去自由。以前还会做梦还会计划要去哪里要做什么，现在都只能等到不知何时才有空。以前三五好友熬夜看直播，现在好友各自成家，自己也熬不住了。

有多久忘了抬头看看天空的云。有多久忘了低头看看路边的花。有多久忘了去想从前爱过的人，偶尔触碰回忆却只剩无奈，不再疼痛。有多久忘了给父母主动打个电话，关心他们，而不是盼他们别再唠叨。

懒得改变。懒得理会。懒得动弹。懒得主动。

人，就是这样慢慢长大。生活在人群里，又和人群隔得很远。

自我保护和戒备，怕靠得太近伤害彼此。原来，我们都可耻地成熟了。

有些错过，再也无法回头

1

很早以前，我听过的歌曲不多，知道张信哲，也只是《爱如潮水》《过火》那几首歌。后来我开始喜欢听他的歌，是因为周琛。

我认识周琛，是高一文理科分班的时候。

那时候我正在纠结报文科还是理科。我的每门课成绩都很稳定，文科理科旗鼓相当。虽然相比而言我更喜欢文学，可是却厌倦文科的背书。

周琛是我的同学，可我们就像是两条平行线一样没有过交集。他虽调皮捣蛋却成绩优异，连老师也无可奈何。班里的人都很喜欢他，似乎他生来带着光芒，而我生性内敛，在班里一直是最不起眼的存在。

那天，我路过周琛旁边，听到他和别人说，我啊，当然选理科了，物理题做起来有意思多了，天天背书多枯燥。

填表的时候，不知怎的，我忽然想起周琛的话来，于是一咬牙，在理科前面画了钩。

等到分班的时候，我才发现，50人的班级，居然只有十几个女生。我拿了书包，在教室后面靠窗的位置坐下。我埋头写作业时，一双一尘不染的白色球鞋路过我的旁边，而我万万没有想到，穿着它的主人周琛竟然成了我的同桌。

课间的时候，我总是在做那些令人讨厌的物理题，一个公式一个公式进行推导，而我旁边的他则开始悠闲地与别的男生眉飞色舞地聊天。

我从没加入过他们的谈话，但他们谈话的内容我有时候也能听到一些。当然，一群男生在一起聊得最多的就是女生。他们把班级里为数不多的女生分类，好看的和不好看的、喜欢的和不喜欢的。

有一次我肚子难受，趴在桌子上睡觉，隐约听到有人问周琛，你觉得你的同桌怎么样？我屏住呼吸，努力听下面的回答。

接下来熟悉的声音说道，她啊，长得还行，可是土得掉渣，人也木讷。我俩做同桌这么久，就没说过几句话。

然后我听见一阵讥笑声。他们以为我睡着了，可是，我并没有。那些语句像一根根钉子，戳中我敏感而脆弱的内心。我忽然从桌子上起来，狠狠地瞪了周琛一眼，然后冲进了卫生间。

晚自习的时候，我以身体不舒服为由向老师请了假，抱了暖水袋躺进了被窝。

2

是的，周琛说得都对。我来自乡下，中考的时候，我以年级第一名的成绩考到了市里的重点高中。我的父母，也因为我来到市里打工。

我们一家三口挤在十几平方米的小房子里，我的一双鞋子，每次上学都要擦拭好几遍才勉强看起来不那么旧。庆幸的是，学校要求穿校服，于是我才可以隐藏在众人当中，不至于穿着自己寒酸的衣服而更显落魄。

上高中以前，我也是老师眼中的好学生，同学之间的好榜样，可在重点高中，我似乎一下子淹没在里面，成绩勉强在中等徘徊，特别进入理科班以后，面对物理、化学，愈发吃力。

而周琛似乎是天之骄子，他家境优越，鞋子永远干净洁白，人又聪明，我绞尽脑汁也解不出的题他随便看看都能计算出来。

不是我不愿意和他讲话，而是我们本来就是两个世界的人，我的自卑，让我不敢看他的眼睛，更不敢跟他说话。

第二天早自习，我很早就去了教室，里面还空无一人。我走到我的座位，拿出英语书本，却一点儿都背不进去。

不一会儿周琛走了进来。他走到我旁边，破天荒地问了一句，你没事吧？

我小声说，没事，肚子不疼了。

他说，不是，我不是问这个，是昨天我的话，我想给你道个歉。

我说，什么话啊？

他惊讶地看着我说，你没听见？噢，那没事了。

说完他也拿出英语课本来读，教室里只有我们两个人，我没有出声，整个教室只能听到他的背书声。这个场景，直到多年以后，还停留在我的脑海中。

后来我想，我最喜欢周琛的时候，不是他在球场比赛投中球篮的那一刻，也不是他说喜欢我的那一刻，而是他安静背书的那一刻，那时为了梦想而努力的他，仿佛周身都散发着光芒。

3

后来，周琛下课似乎没有从前那么活跃了。每次看到我在苦苦思索物理题的时候，他都会主动耐心地给我讲解。

渐渐地，班级里开始传出一些流言蜚语，甚至传到了老师的耳朵里。高中最忌讳早恋。于是在期中考试以后，老师调换了座位，把我们分开。

在班级里，我一直都是渺小而卑微的存在，从来都不会有人注意到我。可是因为周琛，我一下子成了众人的焦点。从那以后，我开始有意无意地回避他。

周琛似乎发现了我的变化，那天下晚自习的时候，他喊住了我。

我正好也想把话与他说清楚，于是我们一起去了操场。

那天星星很亮，我对他说，我们还是保持一点距离比较好。

他问，为什么啊？

我说，马上就要高三了，压力会很大。

周琛很久没有说话，我跟在他后面静静走了一段路，忽然他停住了脚步，转过头来，抱住了我。我吓了一大跳，挣开他的怀抱就跑了。

我忽然开始害怕周琛，那天晚上他的举动不管是有心还是无意，都打扰了我原本平静的生活。可有时候，我会不由自主想起他的怀抱，然后脸不自觉发烫。

他是喜欢我吗？可我却没有勇气和他在一起。年少的时候，我们以为自己不懂爱情，可实际上是，不具备爱一个人的能力。我与周琛，相隔太远，他站得太高，我跳起来也够不着。

然后我又瞬间清醒，怎么可能，周琛，那么优秀的周琛怎么可能会喜欢我这个灰姑娘。而周琛也没有来找过我，或许，他已经忘记了那个晚上。

4

高二升高三的时候，我与周琛被分到了不同的班级。我听到这个消息的第一反应，竟然是深深地松了一口气。

那时候，QQ 开始风靡整个校园。搬到新班级的那天，周琛来帮我搬东西。搬完后，他说，马上就要分开了，我有些话想跟你说。

他问我，你有 QQ 号吗？

我摇摇头。

他塞给我一张纸条，说，这个是我给你申请的号码，密码是你的名字。上面只加了我一个好友，以后有什么事可以用这个交流。

周琛不知道的是，电脑对于我家来说是昂贵的奢侈品，所以他给我这个号码我也没有办法用。

高三的生活如同炼狱，每个人都过得小心翼翼。我深知父母的不易，于是只能更努力地学习。其实还有一个原因，我想要变得和周琛一样优秀。

填报志愿前，周琛来找过我一次。他问我，你填哪里的学校？我说，我还没想好呢。你呢？他说他想去厦门，听说那里的风景很美。

高考以后，志愿表上，第一志愿，我写的厦门大学。很可惜，命运竟是这么阴差阳错。我和周琛都没有考上厦门大学，我去了上海，而他去了北京。

那年暑假，我在超市打工，意外地看到了周琛和他的父母。收银台前，我装作不认识周琛，而他也没有说话。下班后，我一个人等公交车，周琛忽然出现在我面前。

他说，马上就要上大学了，我想告诉你，我是真的喜欢你。你有什么困难，我可以帮你。那时的我，一无所有，仅剩的就是可怜的自尊。我对他说，周琛，我只是把你当同学，仅此而已。公交车来了，我上车，头也不回地走了。

是谁规定王子喜欢了灰姑娘，灰姑娘就一定要和他在一起的？这本来就是一段不平等的爱情。而周琛，从一开始对我是愧疚，是怜悯，是城楼之上的人对低洼之下的我的施舍。

许多年以后，我一直在做同一个梦，在梦里，我不那么倔强，也不那么固执，我对他说，周琛，我喜欢你，很喜欢很喜欢你。

可是醒来，只有我一个人和被泪水浸湿的枕头。这世间的事就是如此，当初的决定无论对错，你永远都无法回头。

5

上大学以后，我省下所有的时间出去兼职，忙碌地像一个不肯停下来的陀螺。那么艰难的岁月里，周琛这个名字一直支撑着我。于我来说，他就是信仰一般的存在。

后来，我留起了长发，穿上白色连衣裙，也开始有人说着，怎么以前没发现你还是挺好看的。我进入学生会，当上主席，拿到奖学金，有那么一瞬间，我似乎觉得自己离周琛更近了。

大二的时候，我用攒下来的钱买了一台电脑。我打开界面，小心翼翼输入曾经周琛随手写下的号码和密码。冷不防，一封邮件通知在屏幕下方跳出来，我点开，只见是周琛给我的一封封信。

"我喜欢你，喜欢你做物理题想不出答案时焦急的样子，喜欢你默默背书的神情。可是我不敢告诉你。所以我只能在这里悄悄告诉你，我喜欢你，你知道吗？"这是他的第一封信。

日期隔了几个月，他又写道："你会不会是讨厌我，那一次哥们儿问我对你什么印象，我怕别人看出我喜欢你，于是违心说出那样的话，你是不是听到了？那不是我的真心话。"

最后一封，是高考以后我们分别的那个暑假，他说："不管你喜不喜欢我，我是真的喜欢你。可那好像是我自己的一厢情愿了，打扰了。好好照顾自己。"

我忽然捂住嘴哭了起来，猛然发现，原来我拒绝的，是这样一个如此爱我的少年。

6

后来，我很久没有再和周琛联系，也有几个不错的同学追求过我，可我却总忍不住拿他们与周琛比较，然后再摇摇头，说声抱歉。

其实我心里知道，不是他们比不上周琛，而是周琛在我心里已经留下了不可磨灭的痕迹，他陪我度过了一段无法回头的青春。

毕业旅行的时候，在我的建议下，我和室友一起去了厦门。在厦门大学前，留下了我灿烂的笑容。我默默地想，如果当初我和周琛一起考入了这所大学就好了。可惜，没有如果。

　　无论怎样，我都感谢周琛，路过我斑驳的青春，让我成为更好的自己。爱是一种信仰，虽然没能把他带回我的身旁。

追赶那阵
龙卷风

1

前几天下午起风的时候，我正在店里。雨棚被吹得哗啦啦响，接着轮子滚过木地板咕噜咕噜作响。

凤凰就这么拎着箱子站到门口。

凤凰是个女的，一米七八的个子，站在我们朋友圈里有点君临天下的意思。韩牛有段时间对她十分仰慕，趁着喝酒磨磨蹭蹭想摸小手。可是他只有一米五九，蹦来蹦去摸到了她的腓肠肌。

我跟韩牛说：别这样，你站在她旁边，好像一个汤婆子。

韩牛说：我是风一样的男子，她是风一样的女子，从不同的方向吹来就可以融为一阵风。

但是韩牛没想过，他最多是穿堂风，而凤凰是龙卷风。

一次凤凰消失两个月，回来晒得黑不溜秋，慢悠悠地喝酒，慢悠悠地告诉大家，她去了科隆、罗马，待在智利的一个小镇吃了许多顿早茶。

我们的感受当然非常不好，上蹿下跳也要跑出去，发现路费最多到江西南昌。

凤凰说，我也是穷人。你们只要会洗盘子，能拖地，刷猪圈，喝得下臭水不拉肚子，哪儿都能去。

我们能吗，我们能！我们愿意吗，我们不愿意！

所以作为穷人，我们哪儿也没去。

我对这种生活从不说三道四，不符合你世界观的事情，只要合法又不违背道德，任何抨击基本都属于无知。书上的道理都是如此，在你经历过之前不屑一顾，只有经历过了才会惊呼果然是这个道理。

习惯鄙视的人，都是没有经历的可怜虫。

2

凤凰不在同一处停留，每次走她都说再见朋友，也许再也不见。

她也不在同一个男人身边太久，上次她牵着的是陶坤的手，牵得不紧，随时都可以分开。

陶坤 29 岁，不用微信，没有微博，就这么个带着陈旧气息的男人，爱上龙卷风。

凤凰到非洲看火山，陶坤就请年假过去，偷偷带回一点苔藓。凤凰蒙上面纱到中东，陶坤请病假跟过去，捡了一个榴弹的碎片。

凤凰说毛里求斯的部落篝火要燃烧整个月，你的假期已经差不多请完，别跟了。

陶坤说不行，没我跟着，你吃住都让人不放心。

结果陶坤特别狡猾，居然请了婚假。太无耻了，这招大家要记得学，因为这种事情查得不严，现在人际关系又这么冷漠，你只需要回办公室的时候准备一点糖果。

我们跟陶坤说：你这叫作不要脸式恋爱。凤凰追求的是灵魂自由，你追求的是生活安顿，两个追求不同的人死活都没办法永远在一起。

陶坤说，也许她会随时放手，但不知道为什么就想紧紧抱住，明知道到了岔路口，再拖下去没法儿回头，就想拖着，烂也要烂在她边上。

韩牛趁机离间一下，踮起脚拍拍他的肩膀说：我们这堆人里面，死不要脸的情种已经很多，然而有善终的没几个。

陶坤说那是他们趣味恶俗、审美低下，爱的人和凤凰完全不能相比。

恋爱模式其实没有几种。或者你不要脸，或者豁出去，深爱到后面，两双眼睛对视，双方都不会提自尊这种小事。

我见过陶坤写给凤凰的明信片。他没有送给凤凰，就贴在店里最不显眼的角落。

他没什么文采，所以是这么写的：

我知道你作。放狠话，玩消失，闹脾气，不讲道理，这些都只能伤害到真心喜欢你的人。可是，我还是会对你一直好下去。因为有一天，你会舍不得伤害我，你会舍不得我难过。请做我的女朋友，因为你是爱我的。

凤凰没看到，但做出了明信片里的内容：她来了个大作，号称担心这样下去陶坤会丢工作，直接和他分手。

至于她接下来去四川还是北极圈，我们谁也不管，光顾着轮流请陶坤喝酒。

陶坤边喝边说，反正婚假也请了，索性搞场拔脚就走的旅行，把以前跟着凤凰跑的地方，独自一个人跑一遍。

陶坤因为谈了一次恋爱，从公司职员变成初级浪人。之前的风景是因为有爱才精彩，而之后的世界，爱不爱都斑斓到爆炸。

说实在的，凤凰说也许再也不见时候，隔段时间还好好的回来了。但是陶坤这一去，我真的好几个月没有再看到他。

3

起风的下午，雨棚哗啦啦抖动，凤凰拉着行李箱问我："你有没有陶坤的消息？"

我说："你想唱《落叶归根》吗？"

凤凰说她凭借多年野外经验，找到份挖掘机客户经理的工作，陶坤可以跟她一起去菜市场，煮火锅吃。

她见我不吱声，以为陶坤已婚，问我："我是不是晚了一步？"

我清楚地听到她的声音是颤抖的。

我明白，在那夜陶坤喝完酒，定下机票，还是跟去找她了。只是他追的是龙卷风刮过后的废墟。去她拣沙虫的海滩，去她扎帐篷的雪山，凤凰永不停留，陶坤永远晚那么一步。

至于陶坤的脚步是停留在古镇小巷，还是东亚边境，谁都不清楚，我也不清楚。

凤凰拨他电话，关机了。

我把明信片给她。明信片上写着一段毫无文采的告白。

凤凰把明信片放进背包，拎起箱子又要走。

我说，这下一时半会儿也没办法找到他，要不等等，总会开机的。

凤凰说：你没有办法，我有办法。

凤凰说：既然我忘记回头等他，那我就从开始的地方，再来一次。

她眼泪汪汪地说：他动作那么慢，总会被我追上的。

我等待凤凰和人陶坤给我带来后续。

既然他们两个人都愿意，那么哪儿都能去。

做回真正自己的冥王星

回头想想，我的成长岁月，真是和光芒四射一点儿关系都没有。

我七岁那年，有一种名为"小浣熊"的干脆面风行全国，五毛钱一袋，随袋附送一张梁山好汉卡，集齐108位好汉，就可兑换一台电脑。如今想来，这不过是最低级的促销手段，总有那么几种卡很难集齐的玄机，当时乐此不疲的我们却怎么也参悟不透。

幸运的是，有一次，我集到了一种很稀有的卡片。大院里的伙伴们把我围在中间，一边啧啧称奇，一边羡慕地传阅着那张卡片。忽然，大家一哄而散，站在原地的我许久才从茫然中明白过来：这是一个集体指向我的阴谋，他们联手夺走了我的卡片！

年少势单力薄，心里的难过和无力，如同天边的火烧云，一点一点烧至酡红。

然而，我又有什么办法呢？虽然同是男孩，但我和这群"熊孩子"就是格格不入。他们可以恶狠狠地揪女生的辫子，但性格温文尔雅的我就是伸不出手；他们可以肆无忌惮地掏鸟窝，身形瘦小的我却怎么也爬不上院门口的那棵槐树。久而久之，他们对我失去了兴趣，而我也不再参与他们的游戏，索性独自窝在家中，用一本本童话书打发时间。

读初中时，比之让人云里雾里的数学课和恹恹欲睡的英语课，我最害怕的反而是体育课。

有一次，体育课测试四百米跑，我从待测人群中溜出来，胆战心惊地躲在食堂里吃雪糕。体育老师发动班干部找到我后，把我推到了起跑线上。在全班好奇的注视中，我的双腿在发抖，感觉阳光碎裂成了玻璃渣子，扎得人生疼。离终点线还有最后一百米，再也迈不动灌铅的双腿，于是佯装摔倒，咕咚一下躺在地上。

只是，我的演技有待提升，体育委员一声"他在假摔"的呼喊，引爆了全班的哄笑。

那一天的风很大，大到微弱的解释刚刚说出口，就被吹得消失无踪；那一天被水浇透的衣服很冷，刺骨的凛冽，真是时隔多年都还能记得。

高中时，青春小说中男主角像竹子拔节一样的逆袭桥段并未发生在我身上，我依旧长相平平、资质平庸，不懂得怎样把校服穿得风生水起，篮球打得一般，也没有太好的人缘。而我的同桌是一位校草级的人物，我时常幻想，假如没有同桌的存在，是否会有一两位女生，愿意折下一枝花送给我。

我把所有忧伤和不满都发泄在日记本里，逐渐累句成章。

有一次，我信手寄往杂志社的随笔被编辑采用。这是一本发行量很大的杂志，当期出刊后，成摞成摞出现在了校门口的书店。幸运的是，直到那一期杂志下架，也没有谁发觉我公开在纸上的心声。

对于这样的自己，不是没有过厌倦和不甘，我也曾经渴望改变，想象和其他男生一样拥有一段轰轰烈烈的、被无数人铭记的青春。我烫了一头卷发来标新立异，远离了仅有的两位同我一样默默无闻的朋友。只是，我花费了巨大的代价，才明白友谊的珍贵。

我生日那天，早早在餐厅开好了包间，平日里跟我称兄道弟的人一个都没有光临。提着生日蛋糕出现在面前的，是那两位被我远离的朋友，他们的着装和表情都很简朴，手中的蛋糕却分外精致。

歌声中，我双手合十，吹熄蜡烛，灯光点亮，眼眶潮红。

我读的大学管理很严格，体育成绩直接和学位证挂钩。在一段时间的努力下，期末参加体育考试时，我挂上单杠，轻轻松松做了一组漂亮的引体向上，落地一刻，心里那块堵了多年的锐利石头忽然就不见了。多年来对体育课寒冰一样的恐惧，如今悄然融化成水，万里归海，此生不还。

不同于从前，我的大学生活是一种明丽的色调。我不再遮遮掩掩，敢于站在讲台上放声歌唱，也敢把发表了文章的杂志大大方方地排在书架上。

我还和从前一模一样，但世界改变了它对我的看法。

　　2006 年，冥王星从九大行星中被除名，那时，我常常趴在星空下的窗台上烦恼：冥王星失去太阳系，一定会很难过吧？十年以后，我发觉年少的担忧都是多余的，即使冥王星无法像其他行星一样，身披金甲战衣，脚踏五彩祥云，但它终于做回了真实的自己，在辽阔的宇宙中自由生活，转自己想转的圈，发自己想发的光。

　　如果瀑布逆流、火车倒退、花朵沉睡、时光回溯，我依然愿做当初那个弱小的男孩，他一定要孤立无援，一定得没有女生喜欢，体育必须很差劲，性格必须很内向。只因为，这些特质是他的蝴蝶，他的花火，他的独家记忆，他的骑士勋章，在独一无二的回忆中闪烁着亮丽的光芒。

有一种爱，
叫一片花海

世界上有很多种浪漫，

一种叫作牵手旅行，

一种叫做白头偕老。

有一种爱，叫一片花海

黑木敏幸是日本宫崎县新富町一名爽朗淳朴的农民，20岁那年，在樱花烂漫的季节遇到了自己的心上人，一位名叫山口婧子的姑娘。两个人兴趣相投，曾一起约定牵着手周游全世界。两情相悦的他们，就这样步入婚姻殿堂。婚后，黑木料理着几亩田地，婧子在家照顾着三个孩子，收入很少，生活得艰辛却温馨。

随着三个孩子渐渐长大，家里的经济条件越发拮据。黑木决定养殖奶牛，他向朋友借钱养了十头奶牛，家里经济条件慢慢好转，养殖规模也越来越大……

奶牛养了一茬又一茬，孩子们也都已经长大成家，黑木和婧子也渐渐老去。那天，望着跟着自己劳累了半辈子的婧子，黑木一脸愧疚地说："这些年来，我一直未曾忘记我们俩的约定。是时候带你去周游世界了……"

然而天意弄人，就在他们结婚30周年的时候，由于糖尿病引发失明，婧子一下子成了盲人！她顿时陷入绝望之中，甚至失去了活下去的勇气。

看着妻子这般光景，黑木眼里心里满是愧疚和心疼。一天，看到很多年轻人携伴相游赏樱花，他心想："芝樱的花期长，香味馥郁，如果我把院子里种满芝樱，一定会吸引很多人来观赏，那样的话，就会有很多人和妻子说话，她的心情肯定能好起来，也更有勇气活下去。既然婧子不能去看全世界，那就把全世界都带到她身边！"他做出了一个疯狂的决定：把所有的奶牛都卖了，在家里种满芝樱。

年复一年，黑木的辛苦没有白费，粉红色的芝樱花终于开始绽放了，从寥寥数株，逐渐扩散为一簇簇、一块块、一片片，最终，完全覆盖了 2000 平方米的角角落落，这里成了一片花海。黑木终于完成了他的夙愿，成为日本家庭种植芝樱最多的人。为目睹这一美景，日本各地游客纷纷造访，人数最多时达到每天 7000 人。

婧子的脸上渐渐有了笑容，她经常坐在庭院里遍地的芝樱花中，听着来来往往的人们的赞叹与祝福，偶尔还会与客人愉快地攀谈。早上她会沿着丈夫在芝樱园里开辟的走道上散步。因为妻子失明看不见，所以黑木在散步道的周围装上了围栏，好让妻子扶着，包括椅子，都是黑木亲自制作的。

有人劝黑木道："这么多游客，你可以收点门票或卖点茶水啊！多好的商机！"黑木望着络绎不绝赏花的人说："这么多人光临，我应该感谢才对。我种植芝樱的初衷只是想驱走婧子心头的阴云，让她恢复以往的明媚与开朗，还有兑现当初的约定。如今，来自世界各地的游客都会来到她的身边，在自家的庭院里讲述着外面的风光和趣事。能让她幸福地充满希望地活下去就是我最大的满足。"黑木说着，转过头爱抚地看了一眼婧子。

如今，已经 86 岁的黑木还在继续打理着庭院里的芝樱花，因为，每年的 4 月份，盛放的芝樱花会向婧子诉说着他们无言的爱与约定。

世界上有很多种浪漫，一种叫作牵手旅行，一种叫做白头偕老。而黑木和婧子拥有的却是第三种浪漫：用双手把世界带到你的面前。2000 平方米的芝樱花诉说着黑木对婧子的爱情，他给了老伴晚年的不孤单，也给了社会一片美丽的花海。

大白菜的玫瑰味儿

去年情人节时，好友阿琳在电话中向我哭诉，说还是不结婚的好。以前一到情人节，办公室里都是她最先收到玫瑰，可是，结婚后才第三个情人节，那一天，她却没有收到玫瑰。

琳和我一样，都是天生的浪漫主义者，一旦美丽的梦想与平凡的现实碰撞在一起的时候，心中仿佛受到了一种残酷的折磨，有时觉得竟是难以忍受。

当时我就给她出了一个馊主意："没有送你玫瑰花呀，那好办，我告诉你一个方法肯定特有效，你马上把家里所有的花瓶都种上大白菜，看他怎么说。"记得她当时"扑哧"一声笑了出来。

到了"十一"长假时，琳打电话约我去她家玩。中午吃饭时，我吃到一盘很好吃的凉菜。我问是什么，她说，是橙汁拌白菜。我说，很少吃到这么有白菜味的白菜了，现在大棚里种出来的菜，味道都淡了很多，几乎吃不出什么香味来。

"那还不多亏了你。"她老公阿铭抬起头来冲我诡秘地一笑。

"呵呵，就是，他不说，我倒差点忘了。你还记得去年情人节

190

时，你给我出的往花瓶里种白菜的招吗？我当时一气之下，真的就跑到菜市场买了三棵白菜回来，剥得只剩下了菜心，种在花瓶里。当时阿铭回来一看就笑了，说这招不错，他知道是他忘了买玫瑰了。那天很晚了他又把玫瑰给补上了。"阿琳笑得一脸幸福。

再后来，两个人都慢慢地把这事给忘了。忽然有天早上起来，发现窗台上花瓶里的白菜，挺拔而起的花蕊竟然开出许多黄色的小花，密密的一层，很漂亮的样子。他们说，那种感觉竟然像儿子出生时的兴奋。所以，等花落结出种子以后，两个人就觉得一定要让这些种子再发芽、长大。于是，他们利用假日的时间把小院花池里的花拔掉了一半，改种成了白菜。

"你知道吗，要先把土翻好，还要把土疙瘩细细打碎，然后还要浇水，等一天以后，再趁土壤还湿润的时候撒上种子。种子发芽后，还要注意盖上细网，以防那些麻雀什么的来偷吃。"

看着他们两个人你一言我一语地争着给我叙述，我感受到了那种只有两个人之间才有的一种默契。

我想，你一定没有感受过那种从种到收获的快乐，那简直是一种享受，是对人生的一种禅悟。阿琳一副知足小女人的模样。

看着他们茶几上的花瓶里依然还种着的白菜心，我的内心受到很大的触动，当把爱情种成白菜时，谁能说里面没有玫瑰的芬芳呢？

亲爱的鼹鼠，爱情快乐

1

对于超级怕冷的我来说，冬天绝对不是个好季节，何况我几次失业又都是在冬天。这不，圣诞节前 18 天，我迎来了第 N 次失业。

好在，如果不经常购物或去娱乐场所，我的那些积蓄应该还可以应付到春天。因此，我打算给自己放一个长假，像冬眠的鼹鼠一样度过这个冬天。

事实证明学做冬眠的鼹鼠很幸福。房间的暖气很足，只要穿轻便的夏装即可。我要么上网玩游戏，要么看喜欢的电视剧，要么给自己弄点好吃的……但每月总有两次，我需要出去囤粮，真是无奈。

这不，又到了采购的日子。我包裹严实后出了门。

小区斜对面的乐购正搞节前促销，抢购的人很多……天！别挤，踩到我的脚了！正懊恼，有一只手迟疑地从背后拍了拍我的肩。扭头，竟是姚远。

真的是你，岑苏！我们有五年没见了吧？姚远眼里满是惊喜，上下打量着我……此刻的我包裹得极似一只肥胖的鼹鼠。糟糕，姚远怎么会突然出现？我掩饰不住狼狈地问他，你不是在 S 城吗？

还在。这次回来探亲，陪我妈出来采购。说着，他指了指左边的货架旁，那儿有一位老太太，冲我狐疑地点点头。我的心情，骤然降至冰点。

那天，我跟姚远在乐购转了很大一圈，说着一些不着边际的话。什么也没买，我空着手跟姚远走了出来。

姚远问我为什么不买东西，我才想起自己错过了许多芬芳美味，便撒谎说我一个人在家觉得孤独，便常来超市凑热闹，并不一定要买什么。姚远听了信以为真，居然还笑着说，你还跟那个时候一样，总有许多奇怪的想法。

我不确定这是不是姚远对"那个时候"所表示出来的一种怀念。但他的话的确打动了我，让我的心，瞬间有了回暖的感觉。

2

姚远是我的青春，却或多或少存在着伤害和疼痛。

五年前，我刚上大一。姚远上大三。我们在接新生的时候认识，然后他开始追我。那种感情很懵懂，淡而甜蜜。

姚远很执着地追了我两年。而我当时的意识还停留在高中时代家长禁止恋爱的条例里，对于他的追求，始终不予回应。

我至今还记得，那个 7 月，马上要毕业的姚远在女生宿舍楼下对我说，S 城一家药厂要和他签约，他想去，问我什么意见。我不假思索便对他说，那家药厂效益不错，你去吧。姚远嘴巴张了张，最终什么都没说。我以为他嫌 S 城远，舍不得离开故土，就又补了一句，S 城多好，还能滑雪。

姚远就笑了，有一丝无奈，而我当时不曾察觉。那晚很热，姚远用拇指擦了一下我额头上的汗，才转身下了台阶。

然而在姚远离开之后，我却时时想起他，想起那天他像装了一肚子话要对我说。可对着不解风情的我，他有口难言。姚远触摸我额头的时候，我一定是有感觉的，不然不会那么深刻地记下了这一幕。我才逐渐了解到姚远对我的感情，并且逐渐地，确定我对姚远，绝非不爱。只是，等我明白时，为时已晚。

如今，我又见到了姚远。虽说时机有些不当，但我的激动还是远胜于窘迫的。

第二天临近中午，姚远给我发了短信，问我中午是否方便，他想请我吃饭。犹豫了一下，我对姚远坦白，我失业了。

姚远让我选地方。出于一种鬼祟的心理，我说了大学时我们常去的那家餐厅，这暗示是否过于明显？好在姚远回应得爽快，好的，一会儿见。

挂了电话，我忙从床上爬起来去洗澡。到浴室，刚放了水，电话脆响。我光脚出去接电话，结果滑倒在地，摔折了右小腿。

电话是姚远打来的，他想告诉我他已经到了，而我们要去的那家店，正在拆迁。这些我都是后来知道的。

当时我的右腿痛彻心扉。我穿了简单的衣服，爬着打开门，喊来我的邻居，送我去了附近的医院，拍片，接骨，打石膏。

再跟姚远联系已是三天之后。我向他道歉，说我病了，但没有讲正在医院接腿骨。姚远的反应不冷不热，叫我注意身体，说改日会来看我。

他的态度，明显有疏远的迹象。

3

圣诞节那天，我总算出院了。可冰箱里空无一物，只好去乐购了，我拄着双拐，这回笨得更像鼹鼠了。没想到，竟又一次碰见了姚远。

他在挑选红酒。我走过去，双拐点地的敲击声引起了他的注意，回头，我们同时看见了对方。

看到我架着双拐，姚远的嘴张得很大，但很快镇定，笑着说，鼹鼠，圣诞快乐！……这是很别致的一个场景，像多年前的对视一样，我跟姚远，望着彼此，望到忘我。

姚远在乐购买了只毛绒玩具鼹鼠送给我，然后他背我回家。我伏在他的背上，听着他轻微的喘气，瞬间我察觉到一种名叫爱情的气场，正暗流涌动。

再次接到姚远的电话，已是 1 月中旬，他要开车载我出去兜风。

这天阳光真好，姚远打开车门扶我进去，也不急着发动，先放了张 CD，是班得瑞的。音乐悠扬流淌，我心随之一动，班得瑞正是多年前我推荐他听的，一别经年，音乐还是能感动当年人。

姚远开始跟着一起哼唱，我缩在车子里，享受着这一刻。姚远的声音已不似当年那般清澈，有了些沧桑的味道，婉转的尾音处，让人忍不住遐想：这几年他究竟经历了怎样的蜕变？当然，这几年下来，我也早已不是当年那个眉眼单纯、五官秀美的岑苏了。

回忆加重了空气里的伤感。姚远似乎也想到了这些，忽然不唱了，发动车子前往郊外。途中，我问他：怎么前些天不联系我？

姚远说：回 S 城了，有点事情要处理，不过都 OK 了，现在可以开心地放松了。

这天，郊外的景色宜人，疏林间点缀着浅浅的雪色，零星的游客分散其中，好像装饰的宝石。姚远开心得像个孩子，在林间疯跑，一不小心就摔一跤。我则小心翼翼地挪动脚步，忍不住哈哈大笑……很久没有这么开心了，我跟姚远好像回到了学生时代，所有的芥蒂瞬间融化……

我爱姚远，想跟他在一起，而且，他也是爱着我的。纵然有些其他的岁月穿插进我们的生命，但已不重要了，过去的都不再重要。

4

因为腿伤不能回家过年，爸妈说要过来陪我，这消息真是让人开心。

1月底，应该是冬天最冷的时候了。但今年为了迎接爸妈的到来，我常外出去超市采购。姚远自告奋勇当我的苦工，我坐在推车里，被食物淹没了。

我发现冬天并非十恶不赦，如果没有冷冻，就没有速冻饺子没有汤圆；如果没有冷冻，过去很多的东西都会坏在空气里，有谁还会记得它昔日年轻的面孔？

从没有喜欢过哪个季节如这般，是的，我爱上了冬天。

姚远一直没跟我表白，但我认为，我们已经恋爱了。可如果他还不表白的话，我是不是该主动些？好在不久后，姚远便很郑重地说要请我吃饭，并强调有重要的事情告诉我。

我在心里说这顿饭等得好漫长呀，愉快地问他在哪儿见。

姚远在电话那边十分轻柔地说了时间、地点。一个体贴的距离离我家很近。

我带着难以名状的激动，特意穿了明艳的羽绒服和小腿裤。新造型可谓名副其实的可爱，我幻想着今天的表白。或许我们的真爱，复苏了。

万万没想到姚远跟另一个姑娘等在那儿，他们手拉着手，很是亲密……我看着那个姑娘，支吾了一下，找不到词儿了。

东北女孩倒是很爽朗，自我介绍说是来自S城，叫初艺。她很漂亮，他们之间的那种亲密不是装出来的，没有长久的相处真的做不到。

可姚远把我搅进来是什么意思？定是要惩罚我年少时的不解风情……

真相的揭露掐灭了我抵抗严寒的勇气，周身冰凉，还很困。姚远倒是蛮热情的，给我夹了很多吃的，我统统吃掉，但食物入口却味同嚼蜡。

快结束的时候，初艺接了个电话。然后突然站起来说，我有急事，得走了，对不住了二位，咱回见。说着起身离开了。

5

初艺走后，姚远招呼服务员上了水果，对我说，鼹鼠，多吃点，几天没见，你又瘦了。

我把头扭到一边，委屈得眼泪都快掉下来了，把水果推到一边说，够了！我又不是猪，没那么能吃！姚远做出一副夸张的吃惊状，见我快哭了，才忙来安慰我。

我哪管这些，想到多年前我因为迟钝错过了姚远的爱情，重逢后我以为爱情回归的激动……结果只是我会错了意，搞得自己这么难堪，我还是忍不住哭出了声。

这次真把姚远吓倒了。他搂着我的肩说，别哭啊，怎么了？初艺是我表妹，她一直想见你，我就带她来了。

表妹！我惊讶地看着姚远。他一脸真诚地点头：真的，谁叫你这只笨鼹鼠那么迟钝，我只好让表妹过来助助兴。原来这个家伙竟对我用了计策。我更生气了，一把推开他，你这样子很好玩吗？以后别来烦我了。然后，我一瘸一拐地离开了餐厅。

晚上，姚远在我家楼下大喊，鼹鼠，新年快乐！……鼹鼠这昵称，我可不想让外人知道，只好让他上楼。姚远说，你答应做我女朋友了？

我嗔怪道，你做梦去吧，不过是想让你去车站把我爸妈接回来。可我一脸的笑容，还是泄露了心底的甜蜜与幸福。

人生，从来
都靠自己成全

1

很长时间，很多人都不理解 Grace 为什么要去上班，因为她先生的家境足以让她下半辈子都毫无忧虑。

她生完孩子之后，回到公司，当行政人员。直到现在，她已经成了行政主任，一个月 6000 多的工资。这在小城市，足够支撑她的开销。

可依旧会有许多人的焦点，落在"富二代"的妻子，嫁入豪门之后不甘沉寂的标签上。

那时的 Grace 总是和我说，婚姻里，保持物质和精神的独立，这样，就算失去婚姻，也不会一无所有。

就像前些日子，她和老苗分居的消息，也是从她的口中得知的。我没有问她太多，只觉得，幸好，她没有把自己绑定在婚姻里，于是，可以淡然地看透。无论能不能走下去，至少她有独立生活的准备，以及独立面对未来的能力。

2

每一个婚姻里的角色，我们都不知道什么时候结束。

但所有的风花雪月落入柴米油盐，当以为可以尝尽山珍海味，最后却发现，要跋山涉水过后才能够走向白发苍苍，难免会有人坚持不到终点而半途下车。那么，保持单身的能力尤为重要。

在相爱里相濡以沫，在离别后各自安好。我们要随时有一种能力：一个人吃饭，一个人睡觉，一个人看电影，一个人去很远的地方旅行；一个人为自己做决定，一个人为自己的未来买单；一个人想去很远的地方不必要伸手掏钱，一个人能和一大群人把酒言欢也不会寂寞。

保持单身的能力，无非是让自己不至于在另一个人走后，像是失去主人的宠物，流浪在街头，需要重新谋生的能力，重塑面对一切的信心。

3

曾经和一个朋友去拜访一企业的女老板。

她是和先生离婚之后，再创办的公司。

这个 40 多岁的女人，眉宇间已经存着一个百经商场的气势，只是还尚存一点点难能可贵的直率，便有了人到中年的可爱。

"我们离婚的时候，感觉天都塌下来了。你别看我现在很瘦俏，我把那 30 多年减不了的肥，用一个月就减了下来，再也没有胖过。一手还有父母，一手有小孩。之前是全职太太，在家享福惯了，走的时候却特别狼狈，因为发现什么都不会。

"我当时特别后悔的是，在嫁给他之后，就做好了一辈子依赖的准备。现在想起来，根本不是什么小鸟依人，就是寄生虫。没了寄存物，就活不下去。

"我先去超市当了一段时间的营业员，从早上 9 点站到下午 6 点，一个月工资 600 元。没有办法，生活总是要继续。后来，我想了想，中专的时候，自己的专业是文秘，自己还会写点小文章，就开始一个一个公司去接私活，什么写文案，什么写广告语。慢慢地摸出了门路。

"创业很苦吧，不过也好，倒是让我明白了一些事，比如，无论我是否再走入婚姻，至少要有出走的能力。不代表不忠诚，而是说，不至于被别人伤害。"

她说，有时候，总是要做一些能够独担大梁的准备。岁月流转，你从来不知道，什么时候，会一个人，需要你去走一段漫长的路。

4

现在很多年轻的女孩子，还是揣着嫁给有钱人、嫁给有权人的想法，似乎一入权贵，就可以从此安逸。

但是，无论什么时候，摧毁一个人的，往往就是安逸。

婚姻里，最聪明的人，往往是既有相扶相搀的笃定，也有独闯江湖的能力。

我和老陈走过恋爱五年，结婚三年，我们始终保持的，是彼此的独立。

我们开过一个玩笑，我说，你离开我，说不定也可以找一个比我更好的女人；而我离开你，也可以找一个比你更好的。

他点点头，他说，我相信你能，我也相信我可以。

其实，我们只是心照不宣，彼此也并非对方的无可替代，哪怕这一刻是无可替代，下一刻，未必那么笃定。

只是无论何时，我们都知道，经济上不会依赖别人，精神上也保持绝对独立。

5

就像有人写张幼仪，"人生从来都靠自己成全"。

许多时候，我们是要过很久才会成为明白人，明白自己是一个人，明白自己的一切只有自己给才是安全，明白在长长久久的日子里，握着手的人是自己，最懂自己的还是自己。

每一段感情都认真，可每一段感情也都独立。

男人女人都该如此。

　　我们终要知道，人生是一段跋山涉水也终会显山露水的路程，你要走一路，好的坏的都会出现，陪你到终点的，或许有很多人，也或许，只有你一个人。

我想去给你摘颗星星

1

在清远高中，姜云寒喜欢我，是人尽皆知的事实。

为此，他想方设法挤进我的生活圈，并不时制造一点恶作剧，希望引起我的注意。但我的目光从来不在他身上，林东轩才是驻扎在我目光深处的翩翩少年。

那个时候，成绩好的学生在校园里风光无限，更何况像林东轩这种在球场上的表现和在考场一样抢眼的男生。

鼓足勇气向林东轩告白的那天下了一场小雨，放学后我跟在他身后走了很远的路，盯着他衣服后背上那串英文和数字发了好久的呆，酝酿了好久的话却迟迟不敢说出来。直到他扭头发现了我的存在。

"姚依依，找我有什么事吗？"

"林东轩，我挺喜欢你的，你可以不用着急回答我，等你看完这本日记再说。"将那本厚厚的日记本塞到他手里后，我便仓皇跑开了。

小城的青石板路因为年久失修而七高八低，踩出来的水溅湿了我脚上的帆布鞋，就在我拿纸巾懊恼地擦着鞋子上的泥水时，迎头遇上了姜云寒的目光。他斜跨在自行车上，嘴角勾起一抹浅浅的笑意，"姚依依，上车吧。"

我瞥了他一眼，继续埋头往前走。他也不气恼，踩着自行车跟在我身后。

我因为没看清，一脚踩进了泥水坑里，只觉得脚底被黏住，难以举步。姜云寒费了好大力气把我从坑里"拔"出来后，我被他推搡着坐上了他的自行车。

送我回家的路上，姜云寒把自行车踩得飞快。我缩在他身后，看他拐过一条条狭窄的小巷，最后停在离我家最近的巷子口。

"你自己走回去吧，拐进去遇到你爸妈就麻烦了。"他扭头跟我告别。

"姜云寒……"我轻轻唤了一声他的名字，"没事，谢谢你。"

2

我跟姜云寒之间的关系并未因为他在雨天送我回家而变得更亲近，同样，林东轩也并没有因为那本厚厚的日记本而多看我几眼。

当然，我也迟迟没有等来林东轩的回答。

秋天的时候，林东轩要代表学校去上海参加物理竞赛。小城里的世界就那么大，绝大多数都是没有出过远门的孩子，临行前班里有不少人叽叽喳喳围着林东轩，要他回来后跟大家分享路上的见闻。

不久后，林东轩不负众望，拿回来一个漂亮的成绩，全校升国旗仪式上校长在向大家宣布这个消息时，他的眼角眉梢里都是笑意。我站在队伍里，跟身边人一起把手掌拍得生疼。

身后的姜云寒戳了戳我，小声说："喂，恭喜你啊，你的男神挺不错的嘛！"

我没接他的话茬儿，但也没否认林东轩是我的男神。

那个年纪的女生，总期待着会有一个男生出现，照亮自己黑白蓝灰的世界，对我来说，林东轩就是我灰扑扑的世界里那抹鲜亮的色彩。

那天下午放学后，我在座位上收拾书包，林东轩走到我跟前，敲了敲我的桌子，示意我出去。我心领神会，立即跟着他出了教室门。

他递给我一张明信片，上面印着的是灯火辉煌的外滩，波光粼粼的黄埔江畔矗立着东方明珠。"姚依依，努力学习吧，你应该去看看外面的大千世界。"他说起这些时，一脸认真的样子。

我接过他的明信片，默默地进了教室，他没有跟进来。等了这么久的答案，我知道这是他委婉的拒绝。他一定想过很多种拒绝我的方式，不想让我太难过，但我还是趴在课桌上无声地哭了。

忘了有多久，等我抬起头时，发现教室里只剩下我跟姜云寒两个人，而他正双手撑着下巴一本正经地注视着我。

见我起身，他犹豫了一下摸了摸我的头发，像是理解，也像无声的支持。我知道，他是不想让我觉得太孤单。

3

那天课间，我捏着林东轩送的那张明信片发呆时，姜云寒从我一旁蹿了出来。他一把夺过去，笑着跟我说："哟，在憧憬大上海呢，等以后我陪你一起去那儿上大学啊！"

平日里的姜云寒爱玩好动，心思从来不会用在学习上，每次考完试的成绩单都让老师十分头疼。听他这么一说，我一把抢过他手里的明信片，有些奚落地说："就凭你那红灯一片的成绩单，我要等着你考到那儿，估计早就大学毕业了！"

年少时无心的一句话便可能在对方心里掀起波澜，更何况我是姜云寒在乎的人。当时我只顾埋头看眼前的书本，并未注意到姜云寒惨白的脸。

从那以后姜云寒比之前安静了一些，大家甚至吃惊地发现他竟然开始慢慢把学习当回事儿了。课间时，姜云寒抱着数学课本蹭到林东轩座位前，支支吾吾地向他请教一道三角函数题。

不久后的期中考试，姜云寒的名字从雷打不动的最后三名往前挪了几个名次。放学后他拦住我，指着墙上的成绩表说："姚依依，你看我离你越来越近了，我可以喜欢你了吗？"

他那句话说得很轻，也很温柔，跟他平时大大咧咧的样子全然不同。见我不说话，他便一直盯着我看，我好像看到他那双明亮的眼睛里满是不安。

我很久没吱声，抬头望了一眼成绩表最顶端林东轩的名字，轻轻地说了声："不能。"

那两个字我说得很淡，但我想一定也如一把钝刀划在他心头，他那心意如一缕轻烟被吹散。

在那之后有一段时间，姜云寒对我好像疏远了一些，不再热衷于"黏"着我，有时甚至迎面遇上他也会故意把头扭向一旁不看我。能跟一个不怎么喜欢的人划清界限在我看来是一件值得高兴的事，姜云寒这一系列的变化并没有让我觉得在意，我甚至有些窃喜，终于甩开了他。

4

高三正式开始前的那个暑假，班里组织一起去附近郊区爬山。向来假期只喜欢宅在家里的我听说林东轩也会参加后，立马从床上爬起来报了名。

出游的那天天气炎热，我爬了没一会儿便喊着要中暑了，赖在中途的凉亭里休息乘凉，大部队浩浩荡荡往高处继续行进着，我斜靠在凉亭的柱子上远远地望着他们。就在这时，姜云寒从一旁冒了出来，手里举着个快化掉的冰淇淋。

我推了推头上太阳帽的帽檐儿，确定没有认错人后，朝他挤出一个笑容打了个招呼。他把冰淇淋塞到我手里后，一屁股在我旁边坐下。

"快吃吧，看我脚崴了愣是坚持着给你拿过来的。"他一边说一边扬了扬有些红肿的脚踝。

我这才知道，见我中途休息后，姜云寒从大部队里退出来，专门绕了一段路去给我买了冰淇淋送过来，因为心急抄近路没看清路况才崴了脚。

我有些内疚地吃掉那个冰淇淋后，"赶"他去跟大部队会合："你快去追他们吧，不要因为我玩得不尽兴啊！"

"喂，你这就要赶我走了，我的脚还没有好呢，再说了，一会儿你一个人找不到下山的路怎么办啊？"他摆出了一堆理由要在凉亭里留下陪我。

最后是他先打破了横亘在我们之间的沉默："姚依依，你真的打算考上海的大学吗？"

"嗯，应该是吧，我很喜欢那里。"

他若有所思地轻轻"哦"了一声，犹豫了一下，没有把想要追问的话说出来。

我顿了顿，没再说话。

下山的那段路走得有些艰难，我浑身没有力气，而一旁姜云寒的脚则肿得厉害，我只能使出浑身的劲儿去扶着他。就在我们终于摇摇晃晃地走到山脚下时，发现大部队已经在山脚下集合了，大家都在东张西望地等待我跟姜云寒的归来。

不远处林东轩正在给那个留着一头海藻一样长发的女生秦心眉按摩脚踝，见我们回来，往这边望。猝不及防地撞上他的目光，我不自觉地松开了抓着姜云寒胳膊的手，而一旁的姜云寒的眼神顿时变得黯淡，艰难地挤出一个笑来。

5

高三的日子骤然变得飞快，快到好像将头埋进书本再抬起来便是一整天。

班里很多爱玩的学生也开始用功起来，包括姜云寒，有时课间我往他座位上不经意地瞥一眼时，都能看到他趴在座位上认真看书。

高考前不久，林东轩顺利收到来自上海一所名校的提前录取通知书。收拾书包从班里离开的那天，他将三年来积攒的那厚厚一摞各科笔记本放在了秦心眉的桌子上。那句"好好加油，上海见"说得很轻，却一点点爬进了我的耳朵。我心底像是扬起了一阵风沙，有那么一丝心疼。

　　林东轩的身影消失在教室门口时，我知道，这场漫长的心动只能到这里了。

　　那个燥热的 6 月，我安然走过了那场至关重要的考试，最后一门考完时，姜云寒从考场里追出来，执意要送我回家。

　　那个下午我坐在他的自行车后座上，他一路骑得很慢，摇摇晃晃的，像是心里有什么心事道不出来。

　　快到我家门口时，他从自行车上跳下来，故作轻松地说了一句："姚依依，祝你梦想成真啊！"

　　我能从他的语气中听出一些犹豫和不舍，毕竟在命运这只翻云覆雨的大手前，姜云寒担心即便他之前已经那么努力了，等秋天到来他还是无法名正言顺地站在我身旁。

　　那天我都上楼了，从阳台上看到他依旧固执地站在那里不肯离开。

<h1 style="text-align:center">6</h1>

　　秋天到来时，我如愿拉着行李箱去了上海。我的学校跟林东轩的学校不过隔着一条马路，周末出去玩时经常能看到形形色色的人从对面校园里出来。

　　有时我会站在门口刻意寻找，却一直没遇到过林东轩。

　　后来我从高中同学那里听说他跟秦心眉在一起了。

军训结束后，我被晒得黝黑，窝在宿舍里认真敷美白面膜，手机收到一条陌生号码的短信：姚依依，来一下西校门，有惊喜给你。

我揭下面膜换好衣服急匆匆往外跑，远远地便看到姜云寒立在那里。

他比之前更高了，也更瘦了，跟我一样因为军训被晒得黝黑，见到我露出一口大白牙。

"姚依依，你知道我也考来了上海，为什么不主动联系我？"他的语气里带着玩笑，也带着委屈。

"你学校在郊区那么偏远，谁知道有没有手机信号啊。"我站在他对面，故意跟他开玩笑。

"电话联系不到你就写信啊，写信收不到你就亲自跑去找我啊，世界就这么大，想找一个人总能找到的啊！"姜云寒依旧不依不饶。

"喂，你一个大男生这段时间不见是读了多少本言情小说啊，居然能说出这么矫情的话来！"

他清朗的笑声灌进我的耳朵。"姚依依，我都追了你这么久了，能给个机会名正言顺地站在你身旁吗？我想与你并肩看云，也想为你上天摘星。"

我望着眼前的姜云寒，他比15岁那年第一次说喜欢我时成熟沉稳了不少，从15岁到18岁，他一路追着我的脚步，从小城来到举目无亲的大上海，他见证过我那么多或欢呼雀跃或失魂落魄的时刻，他曾不止一次地说，我就是他的青春，其实，他又何尝不是我的青春呢。

　　他上前抱住了我。在那个踏实温暖的拥抱里，我忽然觉得在陌生的上海街头，没有那么孤单。

　　我想该正儿八经接纳眼前这个男生加入我的余生了。我拍了拍他的后背，轻轻说了句："嘿，我也喜欢你。"

一颗向往爱情的心

　　她是一家公司的销售员，每天要坐一个多小时的公交车去公司上班。这是一段漫长而乏味的旅程。直到某一天，一切忽然改变了。

　　那天，像往常一样，她漫不经心地上车，找了一个空位子坐下。公交车缓缓地继续行驶，她一抬头，坐在她侧前方的一位小伙子，一下子将她震住了。

　　她的心怦然而动。随着车子的颠簸，她又忍不住偷偷瞄了他几眼，越看越帅，越瞅越觉得像她非常喜爱的一位明星。她的心禁不住一阵狂跳。像传说中的一见钟情，她遏制不住地喜欢上了他。

　　此后几天，她又在公交车上几次遇到他。她用心留意了一下，公交车每隔 15 分钟一班，只要赶上早上 7 点半钟的那辆公交车，就一定能遇见他。于是，每天，她都会早早地赶到公交车站，却一直等到那班车来才上车。

　　故事却忽然卡壳了，因为，她不知道怎样接近他，怎样才能和他搭上话，怎样才能认识他。焦灼难耐之下，她将自己的故事发在了小城的网络论坛上，希望有人能帮她出点主意。

没想到，她的帖子很快引起了网友们的关注，短短半个多月，点击率达到 50 多万人次。

人们纷纷帮她出主意——

有人说，他不是戴着手表吗？向他问时间，然后自然而然地搭上话。有了第一次问时间，以后就可以打招呼了……

有人反对，说问时间太老套了，其实可以来点小计谋。哪天上车，从他身边经过时，故意不小心踩他一脚，然后跟他说"对不起"，并顺手拿一张餐巾纸递给他。这样，既可以认识他，又可以借机考察一下他的人品。如果他对你也有好感，故事就可以继续发展了……

有人说，不如跟他借手机，一般情况下，女孩子向男孩子借手机打，都会成功的……

有人补充说，对，就借手机。先把自己的手机设置为静音，然后，装作手机不见了，很着急的样子；然后，请他帮忙，让他用手机打一下你的手机，这样，不但搭上话了，而且，还互留了手机号码。如果他也有感觉的话，这就算对上暗号了……

有人说，干脆直接走到他身边，盯着他，告诉他，你喜欢上他了……

大家想出了各种各样五花八门的办法，老套的，实用的，浪漫的，机灵的，新潮的……应有尽有。

人们热切地关注着她的进展。

她终于鼓足勇气，迈出了重要一步，和他对上话了！

那天，相同的时间，坐上了相同的公交车，遇上了相同的他。她忽然发现，自己的手机没电了（真没电了，不是装的），于是，她给自己打气，勇敢地向他借手机。正当他翻找手机的时候，她旁边的一个乘客，主动将手机借给了她（这份好心，来得可真不是时候啊）。不过，没关系，她和他终于说上话了。

她及时将这一重大消息，发布在了网上。网上一片赞美和祝福。

他们真的恋爱了。

她不断地更新自己的帖子，向人们讲述他们的故事。人们热切地关注，跟帖，祝福……

我也是其中的一个网友。每天，我都会打开那个网页，关注着她的进展。人到中年，我早已没有激情，我的爱情，那已是很久远以前发生的事情了。今天，我却像个浪漫的少年一样，关注着一个我并不认识的她的故事。网络，将几十万人聚集在一起，共同经历了一场普通却又不同凡响的爱情故事。

一位网友说得好：爱情很美好，比爱情更美好的，是向往爱情的心。

因为爱情，
所以
不会有沧桑

没有哆啦Ａ梦没有时光机没有任意门，那些寻寻觅觅的等待时光终于让顾西辞明白，千里迢迢落到她身上的阳光，她不要。没有竹蜻蜓会不顾一切地奔向你，爱情也一样。

她像一只竹蜻蜓冲向他

高一那年春天，陆思维一身天蓝色的运动衣走进顾西辞所在的班级时，她不曾想到，在此后的许多年，他会如影随形。

他普通得不能再普通了，坐在角落里，每日无声无息。

顾西辞也是安静的，但不同的是，她是安静地优秀着，像瓷器，静静地散着光泽。顾西辞是高中阶段少有的能跟男生抗衡理科成绩的女生，但有长就有短，体育却差得一塌糊涂。

真正跟陆思维有了交集，就是在那堂体育课上。

顾西辞一直不明白跳木马到底是要锻炼什么，但老师要求跳，赶鸭子上架也必须跳。她晕晕乎乎的，冲了出去，竟然连木马都没摸到，直接撞到一个人的怀里，引得周围一片哄笑。好在，下课铃响了。

一天后，顾西辞才知道自己撞到的那个怀抱是陆思维的。因为他从她的座位上路过时，在她桌上放了一个漂亮盒子。盒子里是只手工做的竹蜻蜓。盒子里有张字条，他说："你横冲直撞，就像它！"

那是他们两个人的秘密。没有人知道。

高二时，平凡的陆思维一跃成为可以和顾西辞在成绩上抗衡的男生。也就是那时，顾西辞和他成了很好的朋友。

顾西辞发现之前对陆思维的印象是错的，他根本就不是个沉默的男生，而是个好玩的男生。而且，他有一点点幽默。顾西辞不愿意承认他很幽默是因为……因为故人西辞黄鹤楼这句诗，他叫她黄鹤楼。

他说，黄鹤楼，放学后我们打篮球，找几个女生来压压阵。他说，黄鹤楼，能不能帮我个忙把这张纸条传给隔壁的贺佳音。

知道自己喜欢的男生喜欢别的女生，心里有点痛，像用针尖轻轻地扎手指。

黄鹤楼喜欢着喜欢你的她自己

顾西辞的那一届学生，三个人一同考进北京的高校，便是顾西辞、陆思维和贺佳音。不同的是，陆思维和贺佳音进了同一所学校，顾西辞上了二外。

她几乎成了陆思维的哥们儿。或者用顾西辞的话说，他是她的闺密。闺密的恋爱细节事无巨细，他都讲给她听。她只是浅浅地笑着听着，偶尔感叹一两句。陆思维也终于意识到自己有些过分，他说我们寝室的那谁谁谁喜欢你，你觉着怎么样，如果行，介绍给你。

顾西辞硬邦邦地顶回去："我要找男朋友自然就找了，还用得着你费这心思？"

两个人再见面时，有些疏远。他在谈恋爱，自然不缺伴儿，而她借口功课忙不相见。

大学四年，她跟两个男生有过两段若有似无的感情，最终都无疾而终。她的行李箱里一直放着那只竹蜻蜓。她想着那次糟糕透顶的跳木马，她想着她如同旋转的竹蜻蜓一样飞向他。她喜欢看哆啦A梦，她想象着哆啦A梦能带着她回到旧时光里，在他喜欢贺佳音之前，告诉他，她喜欢他，然后爱咋咋的。

大学毕业，顾西辞进了一家旅行社，带着国际团全世界地跑。每到一处，最不能落的事是写一张明信片给他，署名都是黄鹤楼。

那一次，她带团去日本奈良。在东大寺的草坪上，她跟同行的阿姨说起了陆思维，说起了这些年自己执念一样的暗恋。阿姨沉吟了一会儿说："姑娘，一个人喜欢另一个人，他得多木讷才会不知道？"

顾西辞握着竹蜻蜓愣在那里。他真的会知道吗？

阿姨说："如果真的放不下，就让他知道。就是不行，也让自己死心！"

顾西辞给他发短信，她说："黄鹤楼喜欢喜欢着你的她自己！"

短信发出去，天聋地哑。

4月1日的情人节

带团回来，约了陆思维吃饭。彼时，陆思维已经在一家物流公司做了个小小的负责人，每日忙得像只陀螺。

见面那天刚好是4月1日，愚人节。他来，人憔悴了许多。顾西辞心疼，把从各地搜罗来的她觉得好玩的东西送给他。他却无心打开看，他说他失恋了。漂亮的贺佳音去了美国。

两个人要了一瓶老白干，很快喝了个底朝天。陆思维不知道顾西辞是有些酒力的。

她打车送他回住处。那是他搬了家以后，她第一次上门。新家很新，床铺上都是他的味道。她不知道他收集了那么多款哆啦A梦，他的书房桌上有好些竹蜻蜓，都是他做的，他还玩这个吗？

他搂住她，不肯让她走，他说："这么晚了，遇到色狼怎么办？"

顾西辞笑了，他都醉成那样了，还担心什么色狼。她说："我长得安全！"他的目光暧昧地飘荡在她的脸上，他说："你确定？"

她躲闪出去，他吻她，横行霸道。她是贪恋那种感觉的，不知道是酒劲上来还是那吻本身的缘故，她头很晕。

缠绵到情浓处，她听到自己轻轻地说："思维，我爱你！"

她清楚地听到陆思维说："我也爱你！"

他沉沉睡去，她翻看他的手机，那里果然没有她的那条短信。

一条短信石沉大海，不过，那有什么关系呢？她起身坐了许久，穿好衣服离开。

因为爱情，怎么会有沧桑

再见陆思维时，顾西辞已经不再做导游了。她跑累了，需要安定。她谈了个男朋友，他在东城，她在西城，没有多紧密的联系。她不人盯人地看他，他也乐得自由着。

自那一夜之后，顾西辞把自己消失得很干净——换了手机号，换了住处，甚至辞掉了原来的导游工作。一个人落到偌大的北京城里，像一滴水落到了大海里。

谁承想，大海翻浪花，两滴水汇在一起——在一家川菜馆里。陆思维有些许恍惚，好半天，他介绍身边的平实女子说："我爱人！"

顾西辞甚至没有介绍身边的男友给他认识，就急急地告辞，竟像是落荒而逃。男友学的是心理学，一眼看穿她。他说："我一直觉得你不大对劲儿，你太过淡定，太过从容，太……什么事都不放心上。今天我终于找到了原因，你爱那个带着爱人吃饭的男人是吧？”

顾西辞几乎恼羞成怒，问他什么意思。他说："没什么意思，我只是说出事实！"

那一晚，她搬着自己的大箱子从男友那儿搬出来。她以为那种兵荒马乱的情绪早已跑得无影无踪，却不想在他如同阳光穿过云层出现的一刹那，所有的掩饰都变得不堪一击。

陆思维打电话过来。他叫她黄鹤楼，他显然喝多了，哭着说："黄鹤楼，你怎么能那么无情，为了找你，就差点儿把北京翻一遍了！"她说："现在怎么找到我的？"

陆思维吸了一下鼻子："我问了你男朋友，他人不错，告诉了我！"

人不错？顾西辞笑了一下，她说："那只能说明他不爱我！"

见面，叙旧。陆思维突然起身抱住顾西辞，他说："你怎么能这样？你怎么能在告诉我你喜欢我之后就逃之夭夭？"

"我不想你为难，我不想让你尴尬！"顾西辞替他擦眼泪。

"你怎么知道我为难和尴尬，而不是欣喜若狂？而不是求之不得？"

顾西辞愣在那里，半天，颤巍巍地问："你也喜欢我吗？"

他说："你像只竹蜻蜓一样冲过来时，我就喜欢你了。我让你给贺佳音传纸条，我是想，如果你喜欢我，就不会帮我这个忙。可是你帮了。我跟你讲贺佳音的任何事，你都那么平静，我确定你不喜欢我。然后……然后我给你介绍男朋友，你说你有喜欢的人了。我不想跟你失去联系，我就硬着头皮跟你做朋友，直到你发短信给我说你喜欢我。你知道吗？我兴奋得睡不着觉，我跟贺佳音提了分手，我做了许多只竹蜻蜓等着你回来，我收集了很多款哆啦A梦等着送给你……可是，一眨眼，你就不见了，你太狠心，怎么能说不见就不见？"她吻他的眼泪，她觉得那些眼泪弥足珍贵，那是她人生最奢侈的礼物。

而顾西辞自己早就泪流成河，错过了那么多好时光，还有什么理由不在一起呢？

穿越那么长的光阴，她想跟他在一起。他说："我跟她离婚，我们在一起，无论如何，我们都要在一起！"

顾西辞像被钉子钉在了原处，她惊愕。原来，那个爱人是他的妻子。

她抖抖地摸起他的烟点上，她说，让我想想。

没有竹蜻蜓会不顾一切奔向你

从那一年高一的体育课到顾西辞再次躺在陆思维的臂弯里，整整八年了。而她和他呢，一个爱字怎么就那么说不出口呢？他能用那么多的方法试探她，为什么不能明明白白告诉她"我爱你"呢？

而她，那么想念那么爱，为什么就不能把自己放到尘埃里让他知道呢？

顾西辞再一次带着自己的情伤放逐自己。她站在奈良的天空下，放下那只竹蜻蜓。没有哆啦A梦没有时光机没有任意门，那些寻寻觅觅的等待时光终于让顾西辞明白，千里迢迢落到她身上的阳光，她不要。没有竹蜻蜓会不顾一切地奔向你，爱情也一样。

那些暗恋的时光顾西辞也并没有后悔，人总要真心诚意傻一回，痛一回，才能长大。好在还年轻，痛了，还可以痊愈，还可以重新投入一场新的爱情里。

下一场恋情，无论怎样，顾西辞都警告自己，爱不是哥德巴赫猜想，爱就明明白白说出来。

有些幸福，只有自己才知道

1

小长假到外地与男朋友小聚。听说她是坐了 20 几个小时的硬座去的，同学忍不住说了句："我要是她男朋友一定给她买卧铺！"

此话传到该同学耳朵里，让她很难受。

2

路边有一地摊，摆地摊的是一个中年女人。一个中年男人骑着自行车过来送饭。他一下车，就谦意地笑道，对不起，来迟了，饿了吧？女人抬起头，看到男人，眼睛里闪过一丝光亮，笑道，不急，还早呢。男人憨憨地笑笑，从自行车车篓里拿出饭盒，坐在女人身边，说道，快吃吧，不要凉了，我陪你一起吃。

这时，地摊前走来了一个中年大嫂，她将头伸向女人的盒饭里，发出惊讶的叫声，哎呀，我的大妹子啊，你可真苦啊，你吃的这是什么菜啊，一点油水也没有，这怎么能吃得下去啊。说罢，嘴里还不住地发出啧啧叹气声，脸上露出讥讽的神色，扭着肥胖的身子走开了。

女人端着手中的盒饭，愣愣地望着胖女人的背影，眼睛里噙满了泪花，那眼泪吧嗒吧嗒地滴落到手中的盒饭里。身旁的男人眼圈也红红的，捧在手里的盒饭，再也没有趣味吃上一口了。周遭的气氛仿佛顿时凝固了似的，让人透不过气来。

3

儿子考上了大学，虽然是一个普通的大学，但是全家人依然感到很快乐很幸福，一点没有感觉到有什么遗憾的。父亲对儿子说，儿子，你比你爸和老妈都有出息了。我只上了小学三年级，你妈才小学毕业，你在我们家可就是状元了。儿子羞涩地笑了。笑得很甜、很舒心。

全家人带着一种幸福和喜悦的心情，送儿子到车站上学去了。突然，有人拍了他一下肩膀。他一看，原来是自己的一个熟人，也来送儿子去上学。

熟人问，你儿子考上什么大学？他刚说出校名，熟人脸上立刻露出惊讶的神色，说道，你儿子考的这是什么个大学？那个大学上了也白上，那个大学毕业的学生根本找不到工作。我儿子可比你儿子强多了，他考的可是名牌大学，毕业了，人家单位都抢着要，月薪最少八千块啦。熟人的脸上露出轻蔑的神色，说罢转身走了。

他们望着熟人一家远去的背影，目光一下子黯淡了下来。刚才一家人的幸福和甜蜜，被熟人叽里呱啦一阵连珠炮似的自问自答，荡然无存，心，从火热降到冰点。再看帅气的儿子，眼睛里也噙满了晶莹的泪花。

4

每个人都有各自的幸福，也都有各自幸福着的方式。

有的人，幸福是来自于一个钻戒；有的人，幸福是来自于一杯奶茶；有的人，幸福就是爱人对自己的一个微笑，一句关心的话。

不要打扰他人的幸福，幸福也是一种隐私。你以为是一种"苦难"，或许在别人心中那就是幸福。

如人饮水，冷暖自知。

面对时间，
所有人无力抵抗

时间像火车一样

轰隆隆地往前走，

并不会因为那是一个衰老的人

而将它的步伐变缓、变柔和。

面对时间，所有人无力抵抗

面对时间，所有人都一样无力抵抗。

我第一次经历死亡是在 18 岁的时候，不是我亲身感受，而是它发生在我身边，近得只有一张老藤椅的距离。

那是一个阳光热烈的午后，窗外冷风彻骨，屋内却非常温暖，人浸泡在阳光里，好像浸在一汪热水里，舒服极了。我陪爷爷在阳台上晒太阳，给他读积攒了一个星期的报纸。棉花被里的爷爷的身体缩得小小的，脸上很多平静的皱纹。小土狗趴在我们脚边，非常温顺。煤炉上炖着排骨萝卜，升起袅袅白烟。奶奶在厨房里给我们做桂花圆子汤。我觉得那一刻，很好很好，那一刻内心的温柔平静，余生也没有复现。

奶奶端着的青花瓷碗砸在地砖上，很尖利的一声响，我觉得很美妙的那一刻就倏忽过去了。像感应到什么一样，我扭头看爷爷，静得像一块泥塑。我伸手去探他的鼻息，早就没有了。可是身体还被阳光浸泡得很暖和、很蓬松，我握着爷爷粗糙干硬的手，眼泪一滴滴落下来。

奶奶比我想象中平静得多，她只是红着眼眶握着爷爷的手在他身边坐了一会儿，帮他理了理毛线帽和围巾，像话家常一样对他抱怨道："老头子，你就等不及了。喝碗桂花圆子汤，再喝碗萝卜汤，热乎乎地上路多好。你要走了也不说一声。你真是一辈子没有良心哦。"小土狗在地上呜咽了一声，大概感受到了什么。

爷爷年事已高，谁都知道死亡一定会在哪个路口等他。但是我们谁也没有想到，他说走就走了，一句告别的话都没有。爷爷的后事办完，奶奶懒了很多，不爱出门也不爱进厨房了，整天坐在爷爷从前晒太阳的地方，发着呆。这样晒了一整个冬天的太阳，一直到来年的春天，她才回转过来，把手在围裙上擦了两把，进厨房给我们做好吃的。

我想奶奶是在心里熬过来了，她比我们多活了几十年，虽然没什么文化，但世情是本最丰富的书，她一定都明白了。我们生命中的大部分人和事，不会有真正的告别仪式，而是说没有，就没有了。

有一天，奶奶说："世道残酷着哩，有啥法子呢？只能坚强啊，咬咬牙就过去了。"

奶奶这话是在参加她一个老姐妹80岁的寿宴后回来说的。那个阿婆年轻的时候插队到贵州的山区，一直都没有得到回来的机会，慢慢就死了心，在那里安了家，把异乡当成故乡。阿婆每年只有在过年的时候，才能匆匆忙忙赶回来看看娘家人、吃顿团圆饭。我还记得小的时候，陪奶奶去镇上唯一的公交车站送阿婆。中国人大概都是不擅长拥抱的，这对感情深厚的老姐妹只是你的手捏着我的手，身影都是瘦小而单薄。她们穿着陈旧而整洁的衣服，阳光迷蒙，风吹乱了她们的白发，奶奶帮阿婆理了理，八路车尘土飞扬地驶来了，奶奶推着她上车，说："大妹子，上车吧。照顾好自个儿啊。"

这一别就是十几年，老之将至了。奶奶说起寿宴上的场景，流露出很凄凉的况味。那老姐妹和她的母亲都健在，只是脑子不大清楚了。各自穿着一身簇新的衣服，恍恍惚惚地坐在那里，周围热热闹闹的，可是好像完全不关她们的事，她们专注地进入了老人的世界，像那些我们小时候弄丢的铅笔、橡皮、日记本等，它们在岁月里待着的一个黑咕隆咚的地方。

奶奶的老姐妹发着她的呆，偶尔痴痴地笑，子孙们把她们母女俩搂到一起，历经沧桑的两人却是幽幽地对看了一眼，又无动于衷地把浑浊的眼珠子转向了别处。她们就这么互不认识了，没有一次告别，没有机会再说一句："妈，你好好看看我，趁你还记得我的时候再看看我。"

老姐妹在酒席散场的时候好像清醒了一些，拉着奶奶的手说："妹子，大兄弟走了，以后就剩下我们两个老姐妹了。"奶奶一阵心酸，正要跟她多说一些话，她突然就又糊涂了，刚才的清醒好像昙花一现。

奶奶回家以后，一个人孤零零地坐在阳台上，我忽然觉得奶奶的身影比从前更加凄凉，她们那个时代的人一个个都走了，就剩下她一个人孤零零地在这个世界上。

奶奶如果读过书，会知道有一个诗人叫苏东坡，他写过几句词是这样的："十年生死两茫茫，不思量，自难忘。千里孤坟，无处话凄凉。纵使相逢应不识，尘满面，鬓如霜。"

奶奶不识字，无法美化她的苦难，她说这都是命。

时间像火车一样轰隆隆地往前走，并不会因为那是一个衰老的人而将它的步伐变缓、变柔和。奶奶在这白花花流走的时间里以她的速度一点点衰老着。不知道你有没有注意，人在老到一定岁数时会暂停衰老，50岁和60岁没有多大区别，却又突然在70多岁的时候如山倒轰隆隆地老了。

奶奶在70岁的时候成了一个被岁月风干的老人，雪白的头发胡乱地散在衣服领子上。为了方便行动，她搬到了底楼由车库改造而成的屋子里。于是一整个秋天到冬天，从日出到日落，她都坐在门口的藤条椅子里晒太阳，像一个深色的球，身上是层层叠叠的衣服，露出花花绿绿的边。我上班前去看她，她问我有没有吃早饭，又说她吃了一碗泡饭，问我要不要来一碗。我下班回来去看她时，她又问了我同样的问题，很热情地邀请我去她屋里喝一碗泡饭。我倚着门沿站着，打量着她这毫无隐私可言的方寸之地，望着她似懂非懂的脸，一阵心酸。

　　我的奶奶也糊涂了。也许是一天天慢慢糊涂的，可由于我们的疏忽，察觉到的时候她已经认不出大多数人。

爱你的人，才会唠叨你

王小龙出生在贫困的山区，从小父母亲盼望儿子能读书识字，离开大山。如今王小龙终于圆了老人的愿望，不仅考上了公务员，而且在县委办当上了不大不小的官。

中秋节快到了，王小龙让办公室司机小李把老人接到城里过节，8月13日，小李开车带着老人在县城里转了半天，吃完中午饭，小李又来接老人，这一下二老说什么也不坐车了，弄得小李也很紧张，以为自己服务不周。

晚上，陆陆续续有十几个人提着礼品来看望老人，王小龙推辞不过，也就收下了。

"小龙啊，你让公家的车去接我们，油钱你付了吗？"父亲责问到。

"不用付油钱，单位的公车用一下无所谓。"

"上级规定公家车可以用？"

"当然不是。"

"哦……那些礼品怎么办？"

"又不值什么钱，你二老就留着吃吧。"

"小龙啊，咱们虽是穷苦出身，但我们不能忘本啊，你能有今天的日子，都是赶上了好时候，想想你那些还在地里干活的父老乡亲，你虽学有所成不仅没有为他们做一点事，却还忍心在这里占公家便宜？你不能白拿公家一草一木，不能贪别人一分一厘，否则你让我和你娘在老家怎么能过得心安？你明天就去把油钱付了，再给领导认个错，把礼品也退了吧，不是自己挣的，山珍海味我们也吃不下。"

国庆节到了，趁着放假，王小龙打电话给父亲，想接二老到城里过几天。

"我去接您二老来城里过几天，这次我绝对不会用公家的车去接您。"

"我和你娘商量好了，我们不去了，你可得好好的，绝不能再白占公家便宜了……"

二老最终还是没有来，王小龙知道父母想儿子，但是有了上次的事，不敢再来了，想到这儿，王小龙心里空落落的。

春节到了，王小龙大包小包的买了很多吃的用的，坐着出租车回家过年了。

"爹、娘，我是坐着出租车回家的，这些都是用工资买的。"

"这样好这样好。"

看着二老幸福的笑容，王小龙的心事终于放下了，临别时，王小龙搂着母亲瘦弱的双肩，"娘，你放心吧，我一定会做一个廉洁正直的人，不给二老丢脸，不让二老担心。"

王小龙隔三岔五就会打电话回家，听父母亲唠叨两句，每一次的唠叨都让王小龙心里暖暖的。

五年后，父母亲因病相继去世了。

又到中秋节，王小龙想着以后再也听不到父母的唠叨了，不禁悲从心来，这时一条短信蹦了出来："不贪不占，才能过得心安……"王小龙仔细看看手机号码不熟悉，也就没放在心上。

但是奇怪的是每到节假日，类似的短信都会如约而至，时间久了，王小龙一到节日，也都会盼着这条短信的出现，像多年的老朋友，熟悉而亲切。

一晃过了三年，王小龙又被提拔到一个重要的岗位上工作了，回家上坟的时候，王小龙想起父亲的唠叨，想起了那条奇怪的短信，忍不住拨通了那个陌生而又熟悉的号码。

"请问你是哪里？"

"小龙啊，我是你堂哥，你可能是想问短信的事吧？大伯父临终前最不放心的就是你了，他委托我要经常给你唠叨两句，我也在外地打工，我们两个很难见上一面，所以，我就用发短信的方式来完成大伯父的嘱托，这些年你干得很好，没有辜负他老人家的心……"

堂哥的话还在唠叨着，王小龙早已泪流满面。

爱在，唠叨就在。

父与子

　　这个故事是听来的。讲故事的是我的先生。他说这是一个很温馨的故事，说给我听，我一定也会和他一样感动。

　　故事是关于一对父子洗完澡，穿衣对话的小片段，是他在学校澡堂子里洗澡时看到的。因为是冬日，又是星期一的大清早，所以澡堂子里洗澡的只有他、一个中年人外加一位老爷子。他进去时，中年人还在水龙头下，老爷子已经躺在搓澡的床上了。学校的澡堂一直对外营业，因为票价比其他浴池便宜些，所以周围的居民也愿意前来。

　　他说一开始并没注意他们，只一味享受着这片刻的偷闲时光。他看到搓澡工在给老爷子搓澡，中年人隔一会儿便跑过去配合着帮老爷子翻一下身。这些都没什么，他看着很正常，真正让他感动的是，洗澡结束之后父子间的对话。

　　中年人怎么说也有 50 多岁了。他先是小心翼翼地帮老爷子用浴巾揩干了身上的水，然后又一件一件地慢慢给老爷子递衣服，帮他抬一下胳膊或腿。背心、秋衣、棉衣，每穿一件，他都会让老爷子休息一下，一点儿都不急。穿衣的整个过程，中年人一直围在老爷子身边。"爸，你看你穿着的衣服有没有朧着的，我给你拽拽？"先生说，中年人的这句话，不知怎的，一下子打动了他。忽地，他很感动，甚至有些鼻塞。如若父亲在，他会不会这样？他说，那一瞬间他很想上去和他们说句话，可又怕破坏了他们那一刻温馨的氛围。于是，他开始故意放慢了自己穿衣的速度。这时，中年人和老爷子都已经穿齐整了，可能是怕里面热外面冷，突然出去会感冒，他们坐在靠门边的床上，说是凉一会儿。从侧面看，他们几乎是一个模子里刻出来的；还有他们的声音，几乎分不清彼此。

"爸，你还记得我的生日是什么时候吗？"他听见中年人问老爷子。话音有些试探的意思。

老爷子看了看中年人，没回答。

中年人瞅了瞅老爷子又说："是不是 × 月 × 日？"说完，他又接着自己的话问了一句，"是不是？"

"这是你哥的生日，你以为我不知道？"一来二去，他看到一脸褶皱的老爷子，眼睛里闪着狡黠的目光："你知道我的生日是什么时候？"老爷子倒反问起了中年人。

"哈哈哈哈，"中年人大声笑着，一脸得意地说，"我怎么能忘了我父亲的生日？阳历是 × 月 × 日，阴历是 × 月 × 日，怎么样？"

　　老爷子不等中年人说完，自己亦像小孩子一样，嘿嘿乐了……先生说，他从澡堂子里出来的时候，又忍不住回头看了他们父子一眼。听到这儿，我亦很感动，我知道，先生是想他父亲了，我也开始想我父亲了。

给母亲照张相

　　60岁的母亲从老家来帮我带孩子已经快两年了，几乎每个周末，我们全家都会带上宝贝女儿去逛公园。女儿天性活泼，公园里玩的东西又多，我和妻子轮换着给不满两岁的女儿照相，常常是忙得不亦乐乎，生怕错过女儿难得的笑脸、俏皮的动作以及公园里的自然风光、人文景观。盘点一下，两年下来，女儿的照片、视频已经有很多了，妻说你抽空整理一下姑娘的照片，最好能把当时的情景记录下来，我觉得有意义也有道理，就遵命照办。

　　月上枝头的时候，我静静坐在电脑前，女儿一张张笑脸不断冲击着我的视线，我沉浸在美好的回忆里，陶醉在往日的天伦之乐里。这一张是在沪江公园照的，你瞧她多可爱，像个大孩子一样，还挤眉弄眼呢！这一张是在南洞植物园照的，小家伙还冲我们假笑呢！这一张……这样的温暖和快乐一直包围着我，我一边忙碌地为每张照片命名，一边在博客的日志里记录下当时的情景，我越来越感到我的孩子太幸福了，她幸运地生长在这样一个充满爱、温暖和关怀的家庭里，我一点儿不觉得累，兴奋地没有了睡意。女儿的照片一张张被我设计制作成电子相册，配上了好听的音乐，再加上我厚重的男中音配音，真是太美了！我不由得自叹一声："女儿是我的杰作，这些好图也是我最优秀的作品。"当我被这一切熏染得恍恍惚惚的时候，一段视频让我犹如醍醐灌顶般清醒继而冷静下来。那是一段女儿在小区玩耍的录像，小家伙手里拿着一个苹果冲镜头蹒跚而来，就在镜头断点的当口，我看见一只苍老的不完整的手，那是我的老母亲的手，她是怕我的女儿摔倒才伸出来的一把"扶手"。

我内心的安静与祥和顿时被打乱。我很仔细地翻阅所有的照片和视频，一遍又一遍，我打开所有的硬盘和文件夹，我没有找到母亲一张照片，哪怕是站在我们边上的。

我猛然靠在椅背上，闭上眼睛任泪水流成家乡的小河。

母亲是我们张家的童养媳，12岁就到张家，一手把我们兄妹三个拉扯大。春天母亲打猪草，一人喂养六头猪；夏天母亲扛麦秸，一人能扛两大捆；秋天母亲挑苞谷，一人能挑100斤；冬天母亲捡牛粪，全家一冬暖洋洋。如今，雏燕纷飞，儿女们长大都各奔东西了，老母亲仍然留守在北方老家，固守那片厚重的黄土。现在，母亲老了，在儿女长大成人的时候老了，在孙子孙女慢慢长大中老了。我的记忆开始回到故乡、回到孩提时代、回到母亲身边，我试图寻找母亲温暖的胸怀和坚强的臂膀，试图触及母亲那充满温情的目光，还有煤油灯下母亲挑线缝衣的神态。我翻开那些发黄的老照片，在为数不多的照片里，我终于找到一张有母亲的照片。那是我十多岁的时候，村里来人照相，还带着少林寺的背景布。当时电视上正在热播电影《少林寺》，很多家境好的家庭全家拍好几张。母亲没有更多的钱，只能拍一张，那天父亲不在家，为了把少林寺的背景拍全，母亲让我们兄妹三人成"品"字形照一张，她站在边上，照片上我们兄妹三人笑得灿烂，母亲却袖手站在很远的地方看着我们。

　　看着这张发黄的旧照片，我再一次忍不住掉下眼泪。母亲啊！孩儿小的时候，你给我们照相，你却远远地淡出；孩儿们长大了，在给自己的孩子照相的时候，你却被遗忘在镜头的外面。我顿时泪如泉涌，妻子被惊醒，我把自己的心事给她讲了。

　　末了，妻说："老公，咱明天带妈去昆明，多拍些照片，让她老人家高兴一下。"我说："昆明就不去了，妈来云南两年了，还没有去过蒙自，我现在也在蒙自上班，就让她老人家到蒙自转一下，散散心。"于是，在凄冷的周末，我们陪伴母亲在蒙自街头吃小吃、逛南湖、看房子。一路下来，母亲笑得嘴都快合不拢了。回家，我把照片制作成《母亲蒙自写真集》，母亲看了说："儿子你把你妈拍成大明星了。"我说："妈，你本来就是我们家的大明星。"母亲一笑，转身又进到厨房里。

　　在感念母亲生养之恩的瞬间，我想起一首诗，诗中说："日子像走在常有风雨的路上／母亲在最前头／让一些为儿女遮挡风雨的雨伞给母亲／母亲又推给了我／啊！雨伞下的儿女／雨伞外的母亲／雨不再是雨／是上苍送给人间的一颗幸福泪。"

母亲老了，在我们为自己或者自己的孩子照相的时候，不要忘了，让你的镜头里有母亲的身影。因为母亲会越走越远，唯一留得住母亲容颜的，就是那张经年累月在时间长河里浸染的照片。

你看不到的父爱

帮老乡大将搬家。在整理一堆旧书籍的时候，大将蹲在地上呜呜大哭起来。

大将打开的是一个笔记本，上面记着日常开支，一笔一笔，清晰到一块钱的早餐，三块钱的午餐。稍后，大将给我讲了关于他和父亲的一段往事。

大将的家在徐州乡下的一个村子里，在他的记忆里，父亲一直在徐州火车站附近打短工，难得回家一次。

大将考上西安的一所大学时，父亲从银行取出一包钱，一张一张沾着口水数，数了一次又一次。

大一的时候，大将迷上了网络游戏，经常整晚耗在校外的网吧里。他虽然感觉到有些虚度光阴，但身边的同学们都差不多，不是打球，就是看电影，或者上网打游戏，大将也就释然了。

暑假回家，大将在村里待了几天，感觉特别无聊，就忐忑地对父亲提出，想去他那里玩几天。至少那里有网吧！父亲竟然破天荒地答应了。

　　远远地，大将就看到父亲等在火车站的出口。经过一年大学生活的洗礼，大将第一次感觉父亲在人群中是那么扎眼——衣服破旧，还宽大得有些不合身。他提醒父亲，衣服太旧了。父亲说，出力干活的，又不是坐办公室，穿那么新干吗？他又说，那也太大了啊。父亲又说，衣服大点，干活才能伸展开手脚，不然，一伸手，衣服就撕破了。

　　让大将没有想到的是，在2003年，月入就有四千多元的父亲，竟然住在一栋民房的阁楼里，只有六七平方米。除了一张铁架床之外，还有个放洗脸盆的木架子，那个多处掉瓷的搪瓷盆上，搭着一条看不出本色的旧毛巾……大将一直以为，父亲在城里过的是很舒服的日子，没想到竟是这样清苦。

　　父亲把大将带回住处，就说："你坐着，我要去忙活了。"说着，就咚咚咚下楼走了。大将坐不下去，就悄悄地关上门，下楼，跟在父亲身后，他想看看父亲是做什么的。

　　七弯八拐，大将跟随父亲来到了徐州冷库。那儿聚集着十多个跟父亲差不多的人，有的推着推车，有的拿着扁担，大将看到父亲从门卫那里推出了自己的手推车。正在这时，一辆大货车进入大院，父亲和大伙一起，跟在车后拥了进去。几分钟后，大将看到了父亲，他弓着腰扛着大大的纸箱，走几步，停一下，用系在手腕处的毛巾擦额头的汗，再前行几步，把背上的纸箱放到手推车上，接着又奔向大货车，几秒钟后，又弓着腰扛来一个纸箱。如此反复七次之后，父亲推着那辆车向冰库走去，弓着腰，双腿蹬得紧紧的，几十米外的大将甚至看得到父亲腿上的青筋。

原来父亲赚的是血汗钱！大将惆怅不已。他向门卫打听，搬一次货，能有多少钱？门卫告诉他，五毛钱一箱。大将在心里算了一下，父亲一次运了七箱，赚三块五毛钱。

大将当天下午就回了家。他不再想着上网了，他的眼前总是晃动着父亲暴着青筋的腿。他还算了算，自己在网吧浪费了多少父亲的汗水。

大将返校的时候，父亲又从银行里取出厚厚的一沓钱，数了又数，交给大将。大将数了一下，说，"这学期时间短，有两千就够了。"说着，分出一半，留给父亲。这一天，大将下决心做个好儿子，做个好学生。

但他的这种想法，很快成为过眼云烟。当那些旧日的玩伴又吆喝着去网吧，当他有意无意地看到魔兽游戏图案，他内心里总是忍不住躁动。终于，他又一次走进了网吧。

国庆节的时候，室友们组织去 K 歌，去酒吧，还去洗了桑拿。从家里带来的两千块钱，到 10 月底就没有了。

大将给妈妈打电话，说前段时间生了一场病，带来的钱花完了。

第三天下午，西安突然降温，正在宿舍里和同学打牌的大将接到电话，说校门口有人找他。大将跑到校门口，看到了父亲。50多岁的父亲，像个70岁的老人，老态龙钟，一脸的疲惫，身上背着一床棉絮。大将把父亲带入校园里，才小声问他："你怎么来了，我给妈留了账号，你把钱打入那个卡上就行了。你跑这么远，还背着这个东西，又辛苦，又浪费钱。"

父亲讨好地对他笑着，说："听你妈说，你前段时间病了，现在怎么样了，好了没？要吃好点，照顾好自己，你不用担心生活费，只要你能吃出好身体，学出好成绩，就是再多的生活费，你爸也掏得起。天冷了，这是你妈妈用自己种的棉花给你做的棉胎。"大将嗫嚅着说："已经……好了……"

在通往教学楼的路上，父亲说："看到你好好的，我也就放心了，把生活费给你，我就回去。不影响你。"大将接过父亲递过来的钱，正想说带父亲到学校的招待所住，父亲又说了，"再有两个月就放寒假了吧？我这次给你带了三千块，你刚生病，要吃好点，把身子养壮点，才能有精力上好学。"父亲止住脚步，"你回去吧！"

大将知道父亲的脾气，就不再说什么。他走出不远，回头的时候，发现父亲还站在原地，朝他挥手。他想起读高中的时候，每次父亲送他去县城的学校，都是这个场景，泪就溢满了眼睛。

干瘪的钱包终于鼓了起来，一周不见的魔兽又在呼唤大将。晚饭过后，大将又去了校外的网吧。五个小时的凶猛厮杀之后，大将要回宿舍了。和往常一样，他又来到了校外的一棵大榕树下，从那儿翻墙进校。

就在他翻上墙头的那一刻，他的心一下子疼了起来！昏黄的路灯，照着他的父亲，他偎在那个墙角，身下垫着不知从哪里拣来的破纸箱。此刻，他正把身上的棉衣裹了又裹，而自己高中时围过的围巾，紧紧地缠在父亲头上。

大将说到这里，又忍不住放声大哭起来。哭了好一会儿，大将又接着说："后来我妈告诉我说，我爸听说我病了，就不顾一切地要来看我，买不到座位票，又舍不得买卧铺，站了20多个小时来到西安。为了省下住宿的钱，在我们学校的墙角下蹲了一夜……我在电话这头就哭，在妈妈告诉我之前，我一直装作不知道。因为我知道父亲的固执，我那时就是叫醒他，他也会坚持着在那里。我悄悄回了宿舍，可我的心里却一直疼着，想到他裹紧衣服的动作，我就心疼。我连夜把所有的关于游戏的账号全部删掉了。

"从那以后，我再也没有进过网吧，再也不浪费一分钱。也就是从那一天起，我准备了这个记账本，开始把以前落下的学业一点点补回来。

"我以前一直以为是他命不好，没有享受生活的福气。经过那件事情，我才知道，不是他没有福，而是他习惯了把一切享受给予他儿子……他从17岁开始在那个冰库做事，一直做到去年春天。"

大将说不下去了。

我知道，大将的父亲于去年春天去世了，给大将留下了 37 万元的存款。大将的父亲是许多贫困父亲的缩影，深沉而又无私的爱。所幸的是，他的孩子看到了墙角的父亲，而我知道，还有很多孩子想不到，也看不到墙角里的爱。

恐惧时，父爱是一块踏脚的石；

黑暗时，父爱是一盏照明的灯；

枯竭时，父爱是一湾生命之水；

努力时，父爱是精神上的支柱；

成功时，父爱又是鼓励与警钟。

父亲就是这样，我们的及时雨、雪中炭，虽不像妈妈一样时常陪在我们身边，却总能在关键时刻为我们撑起一片蓝天。

你们都是一样的父亲

同一类父亲

我自认跟父亲不同，但其实我们何其相似。

对儿子小柯，我做得最多的，就是周末带他去吃大餐，或者偶尔高兴时，把他叫到跟前说："儿子，想要啥？爸爸给你买！"其余时间，则把他扔给妻子，不管不问。

尽管如此，我自认是一个好父亲——相比于我的父亲。记得父亲年轻时经常这样训斥我："就你这副样子，我才不指望你为我养老送终。"

他从来不跟我亲近，哪怕是假装一下。他觉得自己怀才不遇，亦觉得我是他人生中的败笔，于是经常骂我。上大学前，我的人生理想只有一个：远离他。

18岁那年，我如愿考上南京的一所重点大学，他却死乞白赖地要送我去报到。在火车上，我们父子俩第一次坐得如此之近。奇怪的是，我的内心竟生出一种别扭的亲近感。

他那时40多岁，虽然看起来仍是虎背熊腰，脸上却已有沧桑之色，看我的眼神也带着一种谦卑感。一路上，我们几乎没说话。火车上的流动货摊经过时，他几近讨好地问我："想吃啥？爸爸给你买。"他那样的语气，让我内心极其难受。他忘了自己之前是多么强势。

考上大学是远离父亲的第一步，毕业后留在南京，结婚自己做主——我是先领了证才告诉他我已结婚；逢年过节，能不回去便尽量不回去；儿子小柯出生，我只邀请母亲来照顾……

直到有一天他被确诊为肺癌晚期，我将他接到南京医治。病床上的他，对我言听计从。每每此时，我便暗自抱怨：我自小就希望有一天可以打倒他，可他却不给我机会，一瞬间就变得如此不堪一击，不战而降。

那段时间，他的状态很好。恰好，公司派我去美国出差，他高兴地说："去吧，我三年五载都死不了。"

只是当我跟他说"那我走了"时，他的手从被子里伸了出来。当意识到他是想跟我握手时，我本能地侧过身去。他似乎意识到了我的尴尬，于是，他的手在快要接近我的手时，突然上扬，变成了"再见"的手势。

我迅速地离开，内心如释重负。

出差的第九天，我接到他离世的电话。那一刻我心情平静，但接下来，他却如乌云般笼罩着我，关于他的点点滴滴被我一一忆起，心中突然很难受。但我仍固执地认为，我对他的抱怨大于怀念。

我没有爸了，你要疼我

第二天坐在回国的飞机上，我的眼泪没有断过，我急切地想看父亲最后一眼。这时我才知道，原来，我是爱他的。

在去殡仪馆的路上，我突然想起儿子小柯，我是那么想他，于是让司机掉头，去了他的学校。小柯和同学走出来，他已经上六年级了，无须接送。远远看到他的身影，我的心里一愣：这是我的儿子吗？他什么时候长这么高了？

等我站到儿子面前，他的眼里没有惊喜，只有惊讶。我伸出手，想摸摸他的头，可是他很灵敏地避开了。我尴尬地收回停在半空的右手，低沉地对他说："爷爷走了，陪我去看看他。"

在太平间，我见到了冰冷的父亲。我握着他冰冷的手，突然觉得自己的心像缺了一角，一股巨大的空虚感从内心深处袭来。我知道，那份缺失，只有站在门外的那个小子才可以修补。所以，我必须"低三下四"地跟他搞好关系。

母亲对我说："你爸是含着笑走的。"父亲跟母亲说，有我这样的儿子，他很知足。唯一的遗憾是，我们父子俩在情感上始终热乎不起来，不能像对面病床上的老李父子俩那样。

李叔叔的儿子管他父亲叫老李，喜欢摸他父亲的头，有事没事，拉过他父亲的脚边捏边聊天。那份浑然天成的亲热劲也令我羡慕，但我做不出来。我知道那是人家父子俩从小累积起来的亲密关系，没法照搬。

安葬了父亲，走出公墓，我故意与儿子并肩而行。我说："我没有爸了，你要疼我。"他说："为什么呀？"我说："因为你还有爸爸啊。"他说："那……行吧。"

缺失的一角正温柔地生长

我开始有意地花时间陪小柯。他爱踢足球，于是我陪他一起踢球；只要时间允许，我就会去接他放学；周末的时候我会带他去郊游，路上跟他讲讲公司里的烦恼事儿……我们父子间的感情，正在缓缓升温。

那日，我又要出差。他要去上学时，我正在收拾行李。他站在我卧室的门口跟我道别。

我放下手里的衣服，向他走过去，强行拥他入怀，为了掩饰我的尴尬，我粗声粗气地对他说："按照国际惯例，分别一周，道别时必须拥抱。"

此后，早晨他去上学，只要我在家，都会趁叮嘱他的机会，借机抱他一下。刚开始，他抗拒，渐渐地习惯了。

一次，他出门时，我恰好在卫生间里。我大声叫他等我一下。

他冲到卫生间的门口，在磨砂玻璃门上印上一个手印，对我说："要迟到了，你一会儿也在这儿按个手印，就当咱俩握手了。拜，老爸。"看着那个大大的手印，我突然觉得心里缺失的那一角，正在温柔地生长。

千里之外的爱

1

因为业绩下滑，我们公司应对的办法就是裁人，第一批辞退的就是几个已婚未孕的女子。

我走出公司大楼，木然地随便坐上一辆公交车，过了好长一段路后，下车，找家麦当劳进去。

隔着窗玻璃看着外面的大街，想着按揭的房子，想着每月不菲的固定开销，想着生活压力大不敢要孩子，我的心情糟糕到了极点。

正在我烦闷地坐着的时候，手机响了，我接了电话，是父亲打来的，我强作欢笑："爸爸，我在这里一切都好，你和妈妈还好吧？天冷了，要注意身体啊！"爸爸在电话里迟疑了一下，然后说："闺女，你也要保重自己啊。"然后换成了母亲接听，母亲在电话里絮叨去喝邻居家喜酒，新娘子长得如何等等，我耐心和母亲应付完，然后挂了电话。

晚上回到家，我和老公说了被单位辞退的事情。老公嘴里劝说道："没关系，你正好可以休息下，家里还有我呢！"老公的安慰让我更加伤心，在这个生活成本很高的大城市，一个普通的小家庭是需要夫妻两人共同支撑的，如果只有丈夫一个人苦苦支撑，他身上担子之重我是能体会到的。

当晚，我们再也不敢去饭馆吃饭了，我们从超市买了几袋方便面，又买了几个鸡蛋，一顿晚饭就这么凑合了。吃完饭，我上网查询招聘信息，老公加班弄他的软件，非常时期，要主动加班干出业绩，我们家再也经不起折腾了。

2

第二天一大早，老公上班后，我就一个一个地打招聘信息的电话，折腾了一上午，一无所获，我正心烦意乱地在客厅里走来走去的时候，门居然被推开了，吓得我心都差点从嗓子眼里冒出来，定睛一看，父亲居然非常神奇地出现在眼前。刚买房子的时候，我接父母来北京住了一段，父亲有我们的钥匙。

我先把父亲接进屋，让他换好拖鞋，父亲风尘仆仆的，我又给他倒水洗脸，然后给父亲泡了杯茶放在桌子上，我在心里恨恨地想，我父母怎么知道我失业了？莫非是老公打电话告诉的，不过转念一想，昨天晚上老公才知道的，就是他那个时候打电话，我父亲也来不及到北京啊！再说下了火车，辗转到这里，也得一个多小时。

我正在瞎琢磨，父亲洗完脸过来了，父亲解释说："昨天听你打电话，我就觉得不对头，觉得我闺女是有困难了！"我回想一下，昨天自己没有失言啊。父亲看我愣愣的样子，笑了："看看，姜还是你爸我这样老的辣吧？昨天你打电话，那个时候，上午12点半，正是吃饭的时候，你却没吃东西，以前打电话的时候，都是边吃饭边汇报说此时正在吃什么什么饭，点的什么什么菜，你昨天却没有！"我有点不服气："那如果我吃完饭了走出去了呢？""不会的，我能听到店里有音乐，分明你在店里坐着，不是肯德基就是麦当劳，我女儿喜欢的地方，我都熟悉，别看我没去过几次！另外，感觉你这边出现异常后，我给你办公室打电话，你同事说你上午刚离职……"听父亲这么一说，我的眼泪一下子流出了，原来父爱是双千里眼，他能从千里之外看到女儿的真实生活……

3

父亲交给我一个银行卡："这里面有七万块钱，你先拿去交一部分房贷，然后留个几千块零花！"父母都是企业退休的工人，每个月加一起两千多点的工资，当初我买房子交首付的时候，父母已经把多年省吃俭用的钱都给我了，现在从哪冒出这七万块？父亲喝了一口茶，得意地说："这钱，闺女，你就不明白了吧？这是昨天下午一点半的时候，老爸开了场小型拍卖会拍得的！"我更迷惑了，这老爸神神道道越说越玄乎了，还冒出了个什么拍卖会！

父亲解释说："昨天中午，我打电话给那帮集邮的老朋友，让他们参加我的拍卖会，一些比较珍贵的邮票，谁出的价格高就给谁！就这么把我的邮票拍卖了！"这么一说，我的眼泪一下子流出来了……

父亲多年，不抽烟，不喝酒，不打牌，他就有一个爱好：集邮。父亲从 21 岁到现在的 61 岁，集了整整 40 年的邮票。父亲年轻的时候，常常去单位的传达室守候，见了有好邮票的信件，就好言好语地和信件的主人商量讨要。父亲的条件也很实在，就是别人给邮票了，他可以帮人家拖蜂窝煤（20 世纪 80 年代和 90 年代初，我们老家的那个小城还盛行烧蜂窝煤）。常常为了一张好邮票，父亲能在星期天从早晨忙乎到晚上，身上的衣服被汗湿透……父亲的集邮之路非常艰辛，可是，为了我电话中一个小小的异常，父亲居然在第一时间内就把这些邮票全部拍卖给那些集邮的朋友们，然后把钱存入银行卡后又马不停蹄地来到了北京。

我说："爸，你集邮一辈子，攒那么多好邮票非常不容易，你怎么就卖了呢？这钱你拿回去，与大伙好好商量，还是把邮票再买回来吧！"

父亲笑了："傻闺女，老爸集邮还不是图个乐子吗？现在闺女有困难了，集邮还能给老爸带来乐子吗？只有我闺女过得开心过得幸福，才是老爸最大的乐子！我现在是牺牲小乐子成全大乐子！老爸精明着呢!"父亲边说边得意地笑,我的鼻子发酸,眼泪止不住又流了下来。

父亲说道:"别哭了别哭了,你有困难了,老爸不是过来了吗?就是给你排除困难的!你妈妈要不是因为给你哥哥照看孩子,也会过来的!"

父亲指着桌子上我还没来得及收拾的碗筷,心疼地说:"这方便面没什么营养!老吃这个,非把身体吃垮不可,以后我给你们做饭,你们只管忙自己的事情,你也别发愁,能找到工作咱就干,找不到也没什么,老爸的退休工资养活我闺女还是不成问题的!"他边说边变戏法似的从怀里掏出他的工资卡放在桌子上,他是以这种很直观的方式来安慰我。不过,老爸他成功了,被这温暖的亲情所笼罩,我的心情确实很放松了,心中的千斤巨担也落了地。

我长长地舒了口气,心中坚定地想:有父亲做后盾,还有什么困难不能够克服的呢?

经过半个多月的奔波,终于有家公司接纳了我。一个月后,我顺利地度过了试用期,转为了正式员工。

老爸很欣慰,这才放心地回了老家。

经过一次失业后,我学会了节俭,不再像以前那样动不动就下馆子,我每天晚上下班后,就做饭,然后准备两份放在冰箱里,以供我和老公第二天中午在各自单位的微波炉上热热吃。

我努力地工作、节俭而踏实地生活，我力争把日子过得安稳过得幸福，只有这样，父亲才会心安，才会幸福，虽然我与他隔着一千多里路，但是，我深深知道，父爱是双千里眼，他一直在远方默默地关注着我……